湘式面点制作

主　编　蒋　彦　周国银　向　军
副主编　陈　杰　谌　星　杨　蕾　李　爽　申传许

電子工業出版社
Publishing House of Electronics Industry
北京·BEIJING

内 容 简 介

本书分为 8 个项目，包括中式面点师职业素养、原料选用、制作设备与工具、面点师岗位必备知识与技能、水调面团品种制作、膨松面团品种制作、油酥面团品种制作、杂粮及其他粉团品种制作。本书全面阐述了中式面点技艺，突出了湖南地方面点文化与技艺。

本书兼顾理论性和实用性，适合作为烹饪相关专业教材，也可供相关从业人员参考。

图书在版编目（CIP）数据

湘式面点制作 / 蒋彦，周国银，向军主编 . —北京：电子工业出版社，2022.11
ISBN 978-7-121-43838-7

Ⅰ. ①湘… Ⅱ. ①蒋… ②周… ③向… Ⅲ. ①面食－制作－湖南 Ⅳ. ①TS972.132

中国版本图书馆 CIP 数据核字（2022）第 114041 号

责任编辑：陈　虹
印　　刷：北京利丰雅高长城印刷有限公司
装　　订：北京利丰雅高长城印刷有限公司
出版发行：电子工业出版社
　　　　　北京市海淀区万寿路 173 信箱　邮编 100036
开　　本：880×1 230　1/16　印张：12.75　字数：326.4 千字
版　　次：2022 年 11 月第 1 版
印　　次：2023 年 2 月第 2 次印刷
定　　价：54.50 元

凡所购买电子工业出版社图书有缺损问题，请向购买书店调换。若书店售缺，请与本社发行部联系，联系及邮购电话：（010）88254888，88258888。

质量投诉请发邮件至 zlts@phei.com.cn，盗版侵权举报请发邮件至 dbqq@phei.com.cn。

本书咨询联系方式：chitty@phei.com.cn。

前言

本书根据《中等职业学校中餐烹饪与营养膳食专业教学标准（试行）》《高等职业学校烹调工艺与营养专业教学标准》，对接湖南地区中式面点师职业标准与岗位需求，同时融入全国职业院校烹饪技能大赛与世界技能大赛规范编写而成。本书立足服务地域经济，遵循技术技能人才培养规律，通过校企双元合作开发，紧跟面点产业发展趋势，及时将面点产业发展的新技术、新工艺、新规范纳入其中，满足获得学历证书和职业技能等级水平认定的需要。

本书根据职业教育特点，将内容分为8个项目。本书理论知识部分突出实际需要，详细阐述了湘式面点技艺，突出了湖南地方面点文化，分析职业能力目标与典型岗位任务，以企业真实案例导入任务。实训部分则突出湖南各类特色面点品种，分析其工艺原理，将操作步骤标准化、表格化，重点对工艺流程进行分解，总结技术关键，配以题库与实训考核评分细则。学习者可以针对湖南省面点师职业技能等级认定考试对每个项目的学习效果进行检验。

本书由长沙商贸旅游职业技术学院蒋彦担任第一主编，湖南省商业技师学院周国银、湖南旅游技师学院（筹）向军分别担任第二主编和第三主编。前期向湖南湘点大师何华山、吴平两位大师请教，确定了教材基本结构和内容。在充分听取湖南各地面点行业意见基础上，联合几个地区烹饪院校就目录与样章进行论证。参与编写的人员还有长沙商贸旅游职业技术学院陈杰、李爽、谌星，以及长沙麦熙餐饮管理有限公司张雄华大师、湖南怀化商业学校杨柳、湖南省商业技师学院何秀满、都江堰市职业中学陈艳秋、江苏旅游职业学院王全、厦门市集美职业技术学校魏亮亮、湖南旅游技师学院（筹）王丽芳、湖南潇湘技师学院蒋陈敏思。参与本书内容审核的有中国烹饪协会面点委员会执行主席蔡再兴大师、湖南省湘点大师邵伟民先生、湖南宏达职业学校汪石良大师、长沙财经学校唐米米、资兴市职业技术学校申传许、郴州技师学院刘郴、常德财经机电职业技术学院唐仕超、湘西民族职业技术学院邓洋。

本书各位编者虽尽全力体现本书职业教育特色，但能力有限，希望读者多提宝贵意见和建议，以再做优化与调整。

目　录

项目一　中式面点师职业素养

职业能力目标

- 了解面点师职业理想
- 能按照面点师职业理想进行自身能力提升

典型岗位任务

- 了解合格面点师应具备的职业素养
- 了解烹饪从业人员职业道德

案例导入

抓人员管理　保食品安全

锦府盐帮酒楼成立于 2005 年。公司采用现代企业治理结构，引入高层次管理人才，建立了完备、规范的公司制度。锦府盐帮酒楼不仅奉献出传统经典的盐帮菜，还兼收淮扬盐帮私家菜特色与精华，形成独具韵味的特色高档中餐酒楼文化，致力于打造中国盐帮菜龙头品牌。

锦府盐帮的菜品主要以自贡盐帮菜为主，以淮扬盐帮菜为辅，并汲取各地盐帮菜的精华，博采众长、兼容并蓄，形成了独具韵味的大盐帮菜系。美味菜品呈现的关键之处在于主料和调味品均来自原产地。

人员是服务行业的核心，是保证餐饮行业食品安全的重点。锦府盐帮对于加入餐厅的每一位成员都严格秉持持健康证上岗的刚性原则，以确保其是一个健康的个体。在确定每一位从业人员健康之后，再建立健康档案。

与此同时，锦府盐帮注重相关培训，如前厅人员的仪容仪表及席间服务培训、后厨的食品安全知识及良好的卫生操作规范培训。通过培训，加强员工的卫生意识，让员工意识到食品安全问题不容小觑，自觉地从自身做起，从个人卫生到加工操作，严格服从良好的操作规范要求。把顾客的生命安全及切身利益放在第一位，才是餐饮企业持续发展下去的前提，更是跻身于餐饮行业前列的必要条件。

任务一　树立面点师职业理想

一、职业道德

职业道德是人们在特定的职业活动中所应遵循的行为规范的总和，是整个社会道德体系的重要组成部分。

现今社会更要特别强调加强职业道德建设，原因如下所述。

（1）职业道德覆盖面广，对人的道德素质起决定性作用。

职业道德在范围上覆盖所有参与职业活动的人。大部分人都要就业，这就决定了职业道德的广泛性、多样性、实践性、具体性等特点。因此，职业道德的教育和建设是整个社会的系统工程。

（2）职业道德与社会生活关系最密切，关系到社会稳定和人际关系的和谐，对社会精神文明建设有极大的促进作用。

职业道德具有传递感染性。某一种职业活动或职业道德可以通过各种途径传递到另一个职业或其他许多职业中去，引起多种多样的连锁反应，会给整个社会带来影响。提高服务质量的核心是加强职业道德建设，只有具备良好的职业道德才可能有持久的、良好的服务质量。因此，搞好职业道德建设，对促进社会主义精神文明建设具有无法替代的积极作用。

（3）加强职业道德建设，可以促进市场经济健康发展。

（4）良好的职业道德，可以创造良好的经济效益，有力地保障个人的合法利益。

职业道德在调节人们利益过程中，并不排斥个人合法利益的获取。“君子爱财，取之有道”这句古训说的就是这个道理。所谓“取之有道”，就是要先付出，才能有回报。

社会主义市场经济提倡职业道德，职业道德也需要市场经济的舞台，两者的目标完全一致。发展市场经济为的是达到国强民富的目标，加强职业道德建设是为了促进市场经济的发展。

二、烹饪从业人员的职业道德

烹饪从业人员的职业道德包含以下几方面的内容。

1. 忠于职守，爱岗敬业，艰苦奋斗，勤俭创业

忠于职守，就是要求把自己职责范围内的事情做好，合乎质量标准和规范要求，能够完成应承担的任务。尽职尽责的关键是“尽”，即用最大的努力，克服困难去完成职责。尽职尽责和忠于职守的反面就是玩忽职守，不把责任放在心上，工作马马虎虎、凑合应付，不专注；或者干脆消极怠工、偷懒耍滑，不遵守纪律，缺乏对人民、国家、集体、他人的负责精神，必然造成工作损失和对他人利益的损害。

爱岗敬业、忠于职守绝不是口号，而是有着实在内容的行为规范，如发扬艰苦奋斗和勤俭创业的精神，就体现了主人翁的劳动态度。

2. 公平交易，货真价实，讲究质量，注重信誉

职业不仅是一个人安身立命的基础，也是为他人、集体、国家谋利益、做贡献的基本途径，因此，一个人能否精通本职业的业务，是做好本职工作的关键，也是衡量一个人为他人、集体、国家做多大贡献的一个重要尺度，理所当然地应成为烹饪从业人员职业道德的一项重要内容。

烹饪从业人员烹制的菜点，其质量的好坏，决定着企业的效益和口碑。

3. 尊师爱徒，团结协作，互敬互学，共同提高

职业道德可以调节个人与他人、集体、国家的利益关系，也是调节企业和行业内部人与人之间关系的基本规范，它要求企业员工以集体主义精神为指导，进行企业和行业内部的团结协作，并以此建立社会主义新型的人际关系。

中国烹饪文化源远流长，世代相传，在世界上享有较高评价和美誉，这是历代烹饪厨师辛勤劳动和创造性劳动的结果。一代代的厨师，通过师徒传艺的形式，使很多烹饪方法、技艺得到继承和发展。随着时代的进步，传艺的手段有了多样性的变化，但不管形式如何变化，老师傅仍然发挥着至关重要的作用。因此，尊师爱徒是烹饪行业的传统职业道德，必须继承和发扬。

4. 积极进取，开拓创新，重视知识，敢于竞争

人类社会是依靠一代代先进分子的进取和创新精神，才不断向前发展的。凡是推动历史前进的进取、创新，都是良好的道德行为。

知识经济时代，学习是永恒的主题，知识是推动行业发展的动力之一。作为烹饪从业人员，要不断地积累知识、更新知识，适应原料、工艺、技术不断更新发展的需要，适应企业竞争、人才竞争的需要。

5. 遵纪守法，廉洁奉公，不徇私情，不谋私利

为了规范竞争行为，加强法治和维护消费者利益，国家出台了一系列法律、法规。法律、法规、政策是调节人们利益关系的重要手段，有力地促进了市场经济的健康发展。任何社会组织，都需要有规矩和有约束力的规章制度，规定所属人员必须共同遵守和执行，这就是纪律。纪律和法律、法规、政策一样，是按照事物发展规律制定出来的一种约束人们行为的规范。能自觉遵守纪律，就能把事情办好，违反纪律就可能使工作不能正常运转，因此必须遵纪守法。凡是违法、违规和不守纪律的人和事，都是不道德的行为。违法行为都要受到法律法规的处罚。

任务二　遵守面点操作间守则

面点操作间是制作面点的场所，提供基本的物质保障和基础设施保障。使用面点操作间时，不仅要遵守其相应的守则，还要注意卫生要求。具体有以下几点。

一、面点操作间使用守则

（1）热爱专业，爱护公物，具有良好的职业道德。

（2）操作人员进操作间练习时必须穿戴工作服、工作帽，注意个人卫生、仪容仪表，工作服必须干净、整洁。

（3）操作人员必须按规定穿戴劳动保护用品。长发全部盘入帽内，不得穿裙子，鞋子需包裹住脚面和脚跟，裤脚不得高于小腿。

（4）操作人员进入操作间后要对自己所站工位进行器具的安全数量检查，发现问题及时上报任课教师，以便对上节课工位所站操作人员进行核查。

（5）严格按照操作程序进行操作，注意安全。

（6）养成良好的卫生习惯，在操作前必须检查工作用具。在操作过程中始终保持工作台、工作用具、场地的清洁。

（7）使用操作间必须有记录，损坏公物必须赔偿。

（8）操作结束后要按照要求摆放器具，以便下次使用和检查。

（9）对制作的成品不得随意品尝，要品尝必须经过老师同意，操作间的材料不得带出。

（10）离开前检查水、电、燃气、仪器、门窗是否安全关闭。

二、卫生要求

（一）个人卫生要求

从事食品工作人员天天接触食品，个人卫生的好坏直接或间接影响食品卫生质量，因此，要求从事食品工作的人员必须讲究个人卫生。

1. 接受定期身体检查

根据《食品安全法》规定，从事接触直接入口食品工作的食品生产经营人员应当每年进行健康检查，取得健康证明后方可上岗工作。定期检查身体（一年或半年一次），不但在公共卫生上具有重要意义，而且对职工本人也是一项保健措施。

2. 养成良好的个人卫生习惯

（1）坚持“五勤”。

要勤洗手，勤剪指甲，勤洗澡和理发，勤洗衣服和被褥，勤换工作服和毛巾。要保持卫生、整洁的仪表。

保持手部清洁对食品从业人员尤为重要。手在一天生活中接触的东西很多，梳头、穿提鞋、数钱、翻书看报、做饭、吃东西、上卫生间等都离不开手，所以，必须保持手的清洁，做到工作前和便后用香皂或洗手液洗手，并按程序进行。接触直接入口食品的人员，坚持手部消毒，不得用手抓取直接入口食品。

（2）严格遵守操作间卫生规程。

食品从业人员在工作期间，严禁在操作间内吃东西、抽烟或随地吐痰；不能挖鼻孔、掏耳朵、剔牙；不允许对着食品打喷嚏；不用勺子直接品尝（品尝的勺、碟专人专用）食品。另外，食品加工人员的私人物品应放在更衣室内，不得带入操作间，以防异物污染食品。原料切配时，操作人员应戴口罩。

制作食品时个人用的擦手布要随时清洗，不能一布多用，以免交叉污染。消毒后的餐具不要再用抹布擦拭。

操作时不戴戒指、手镯、手表，更不允许涂指甲油。

（3）养成良好的操作卫生习惯。

如实行生品和成品双盘制；配料的水盒要定时换水；案板用后及时刷洗，并要立放；油盆要把新油、老油分开装等。

（4）讲究职业道德。

积极参加卫生知识培训，不断提高营养卫生知识水平。同时，还要不断地提高思想水平，遵守职业道德，这些都是做好个人卫生的保证。

（二）烹饪环境卫生

1. 作业场所设置的卫生要求

烹饪场所设置必须符合国家城乡规划卫生要求。水源要好，符合饮水卫生要求；无任何有害污染；自然条件良好，空气新鲜，地势高，利于排水；利于排烟、排气，通风良好，符合卫生法规要求。

2. 厨房的卫生要求

厨房包括初加工间、切配间、冷菜间、烹调操作间、面点间和主食间、洗涤间，以及出菜和回收餐具窗门等。初加工间要与切配间相连并隔开；切配间要与烹调操作间相连并隔开。冷菜间又称熟食间，一定要和切配间分开设置，操作间内要有防尘、防蝇、防害虫设备。面点间最好与设有蒸灶的主食间相连。

3. 贮藏室卫生

烹饪原料的贮藏、保管是一项细致的工作，保管人员应认真做好原料的卫生工作。贮藏室应通风、干燥、防霉、无虫害；不同种类的原料应分类存放；食品与非食品分开存放；成品与半成品分开存放；短期存放与较长时间存放的食品分开存放；易吸附异味的食品要设隔离间单独存放。

特别要注意，贮藏室只能贮藏烹饪原料，绝不能堆放药物（如鼠药等）及其他对人体有害的物品。

4. 冷藏设备卫生

（1）食品冷藏前质量必须新鲜，无污染。取时应本着先进先出的原则。

（2）冷藏温度不能忽高忽低。冷藏库（室）开启不要过于频繁，应设专人存取货物。

（3）冷藏室内严禁存放药品和杂物，以防污染食品或发生误食。

（4）长期冷藏的原料应定期检查食品质量的变化，如肉是否腐败、油脂是否酸败、植物性原料有无霉变现象等。

（5）冷藏器械要定期清洗和定期除霜、消毒，彻底消除有害微生物污染。

5. 烤炉及洗碗机等机械用具的卫生

（1）选购机械用具时，要选用食品专用机械用具。构件材料不得含毒性且具耐腐蚀性，不得影响食品的颜色、香气、风味和营养成分。

（2）保持烤炉和烤盘的卫生，随时清扫，每天清洁后可用食用油脂擦烤盘，以免生锈。

（3）洗碗机要求按程序作业。比较简易的洗碗机也必须保证洗涤效果，洗后的餐具要求无菌、无残留物，符合清洁卫生的要求。

6. 灭鼠与除虫

（1）消灭鼠害是做好烹饪卫生工作的重要环节，可采用的灭鼠方法主要有生态学灭鼠和药物灭鼠。

（2）蝇类不仅传播疾病，还影响人的活动、休息，对人类危害极大。消灭苍蝇必须标本兼治：治标就是扑杀成蝇或灭蛹、杀蛆；治本就是改良厕所，搞好环境卫生，消灭苍蝇的孳生地。

（3）防治蟑螂的原则是：搞好厨房、餐厅、仓库的室内卫生，经常进行搬家式大扫除，以防蟑螂的孳生。

任务三　传承湖湘面点技艺

2017年12月，长沙荣获“国际美食之都”称号，湖南名点小吃是其中不可或缺的一部分。近年来，湖南名点小吃不断改良，努力契合现代饮食和消费特点打造出自己的特色，具体来说有以下几点。

（一）就地取材，讲究本色本味，符合现代人的营养需求标准

在湖南，由于地理、气候等方面的原因，绝大部分地区种植水稻，人们日常饮食以大米为主食。但在少数山区，特别是湘北山区的一些地方，种植旱粮作物，多以玉米、红薯、马铃薯等为主食，其中的红薯、马铃薯逐渐从主食中分离出来而成为制作淀粉类食品、酿酒、晒干菜等的原料。所以湖南传统名点的皮坯很多都是以米粉、红薯粉为原料，早餐特别崇尚米粉，如常德的牛肉粉、干腌粉，郴州的鱼粉，怀化的鸭子粉，长沙的酸辣米粉等，几乎每个地方都有各具特色的米粉。红薯粉也是小吃麻辣烫的主要原料。另外，湖南的名点小吃，如姊妹团子、糖油粑粑、葱油粑粑、发糕、糍粑、炸果子、雪花团子等，讲究现吃现做。制作工艺尽管有区别，但是有一点相似的，几乎没有加入添加剂、染色剂，都讲究本色本味、绿色健康。正是湖南名点原料就地取材、接近原料本味本色的特点符合了现代人追求营养平衡的心理特点。湖南名点中酥点较少，有也只是加入少许猪油；而广式点心和苏式点心，则擅长做酥点、甜点，经常用到油脂、糖分，起酥油的掺入比例很大，虽然口感较好、酥层细腻，但是较油腻。

（二）制作造型朴实、流程简化，符合快节奏的生活方式和理性消费观念

湖南传统名点小吃还有一个显著的特点就是造型朴实、流程简单。正是这些工艺特点，使得原料采购成本、物流成本、人工成本方面得到了控制，便于批量制作，在劳动力成本居

高不下的餐饮业中还是很有优势的。比如长沙火宫殿的诸多名点小吃中，基本上很难见到工艺复杂、造型考究的品种，朴实的造型可以简化工艺流程，减少手工的精雕细琢，其实更符合当下快节奏的生活方式和理性的消费观念，深受广大群众和游客的青睐，具有非常广阔的市场空间和开发潜力。

（三）工艺特点符合湘菜产业化要求，能体现产业化优势

在 2015 年全国职业院校技能大赛中，点心制作项目技能竞赛评判的权重也开始变化，由以前的注重工艺造型和菜点修饰开始向选材方便、注重口味倾斜，弱化了点心装盘修饰和工艺造型。这种转变体现了职业教育主动适应国家经济发展方式转变、产业结构调整和社会发展需要对产业的引领作用，这也是加快建设现代职业教育体系，促进职业教育协调发展，培养一大批适应现代产业发展要求的高端技能型人才的具体表现。由此可见，朴实大方的湖南传统名点小吃作为湘菜配角的身份开始转变，在现行消费观的指导下和湘菜产业化优势的引领下将迎来新的发展契机。

湖湘面点主要由长株潭地区、湘西、湘南、湘北几个地区的面点及风味流派组成，形成了在湖南餐饮业中的重要地位与作用。

1. 长株潭地区、湘西地区及湘南地区点心

拓展阅读请扫描二维码

2. 湘北地区点心

湘北一般指湖南省北部地区的（由东向西排列）岳阳、益阳、常德、张家界和湘西北部的龙山县、永顺县等地区。该地区物产丰富、人杰地灵，地处中国腹地，战略地位相当重要。

（1）常德米粉。常德米粉是湖南全省闻名的一种地方风味小吃。常德米粉有着悠久的历史，早在清光绪年间，常德就有了生产米粉的作坊，生产的米粉又细又长。长期以来，常德人不论男女老幼，都喜欢食用米粉；外地来的客人，也以能品尝常德米粉为一大乐事。常德米粉之所以备受青睐，一是米粉洁白，圆而细长，形如龙须，象征吉祥，逢年过节食用米粉，以示往后岁月一家人如米粉一样团团圆圆，过日子如米粉一样细水长流；二是米粉食用方便，经济实惠，买回去后只要用开水烫热，加上佐料，即可食用，加工简单，清洁卫生。饮食店销售的米粉，油码多样，经济实惠，味鲜可口，特别是米粉火锅。米粉火锅俗称“炖粉”，当地人每逢节假日，都喜欢邀上三亲四友，找一家小餐馆坐下，点上一份“炖粉”，边吃边聊，拉拉家常。炖粉的吃法很简单：先在桌上摆个小酒精炉，点燃。搁上一小钵（常德很常见的土陶钵）事先做好的牛肉，加热一段时间，再把另行放置在大碗里的米粉挑进钵里，与牛肉和肉汤一起煮。稍后，再用汤勺把烫好的米粉或者肉和汤一起盛到每个人面前的小碟里。

（2）鼎城年粑粑，是常德市鼎城区民间制作的一种时令小吃，也叫年粑粑。吃年粑粑尤其以洞庭湖区最盛，每年冬至后过年前，鼎城民众便家家户户都做年粑粑。粑粑有两种：一

种是糯米与黏米三七或四六掺拌，通过磨粉、蒸、扎，制成形如月饼、印上花纹的粑粑，称为“花儿粑粑”；另一种是全部用糯米制成，非常酥软的粑粑，称为“糍粑”，其吃法各异，有糖煎的、油炸的、甜酒煮的，吃时佐以各种调料，风味独特，久吃不厌。

（3）麻蓉酥糖。酥糖各地都有，似乎是从江浙一带传播开的，津市的酥糖应该算是其中的极品了，清朝时曾经作为贡品上贡。特点是甜香可口、入口即化、油而不腻。

常德米粉

年粑粑

麻蓉酥糖

（4）望羊麻花。望羊麻花的产地位于前往壶瓶山途中的望羊桥村，以优质面粉为原料，精品菜油等佐料炸制而成。产品呈金黄色，香脆而酥松，色、香、味俱佳，食用者赞不绝口，早已美名在外。望羊麻花畅销湖南、湖北、广东、台湾等省。

（5）津市包子，是湖南省常德市津市的特色小吃。津市包子较知名的是望江楼煎包。国立汤包是用面粉包猪肉，但这里的面要求先擀成很薄的皮，然后再包成包子，而普通的包子只是把和好的面用手压下再包即可。国立汤包风味独特，吃的时候有汤在里面，咬一口就会流出来，鲜滑爽口。望江楼煎包是在包子里放入肉丝粉条，加热后即可食用，一口咬下去，既有粉条的嫩滑又有肉丝的香辣，实为美味。

（6）蒿子粑粑，是常德市许多地方人民喜食的一种具有独特风味的食品。每年三月，当地人采来粑粑蒿的嫩叶，洗净，然后拌以黏米和糯米粉，放入锅内，用旺火蒸熟，再用石碓舂烂，并在掺入适量的芝麻和辣子酱后切成小块，放在雕有各种表示吉祥图案的木模内，做成扁平溜圆的粑粑。蒿子粑粑黏性很强，吃起来香甜可口。每年农历三月初三，各家各户都要做蒿子粑粑，并边做边唱：“三月三，蛇出山，做粑粑，塞蛇眼。”

望羊麻花

津市包子

蒿子粑粑

项目测试

一、单项选择题

1. 职业道德的特点不包括（　　）。

A. 广泛性　B. 多样性　C. 实践性　D. 社会性

2. 提高服务质量的核心是加强（　　）建设。

A. 职业道德　B. 职业素养　C. 社会道德　D. 社会素养

3. 烹饪从业人员烹制的菜点，其质量的好坏，决定企业的（　　）和信誉。

A. 价值　B. 效益　C. 质量　D. 商品

4.（　　）是餐饮从业人员必须具备的道德品质。

A. 廉洁奉公　B. 开拓创新　C. 积极进取　D. 敢于竞争

二、判断题

1. 职业道德是人们在特定的职业活动中所应遵循的行为规范的总和。（　　）

2. 公平交易、货真价实、讲究质量、注重金钱是烹饪从业人员的职业道德。（　　）

3. 遵纪守法是对每个公民的基本要求，能否遵纪守法，是衡量职业道德好坏的重要标志。（　　）

项目二　原料选用

职业能力目标

- 了解面点常用坯皮原料、辅助原料、制馅原料、调味原料的种类
- 熟悉常用坯团原料、辅助原料、制馅原料、调味原料的性质与用途
- 掌握常用坯团原料在面点制作中的工艺性能
- 能够合理地选用坯团原料、辅助原料、制馅原料、调味原料

典型岗位任务

- 常用坯皮原料的选用
- 常用辅助原料的选用
- 常用制馅原料的选用

案例导入

出生在恩施巴东乡下的小容，初中毕业后便独自一人到重庆万州做服务员。一次偶然的机会，她接触到了面点，并成为一名面点学徒。颇有天赋的她，不足半年就成为面点加工的一把好手。一年后，她离开了师傅，独自到武汉的星级宾馆做起了面点师。一次，一位客人投诉说，韭菜馅饺子中的馅料有股怪味，不新鲜。经过调查发现，馅料不新鲜的主要问题出在进货方的食材上，于是接受投诉，对顾客给予赔偿。次日例会上，小容把事件公示，并通报处理结果，以起到警示作用。

“做面点的诀窍首先要掌握好馅心。”馅心是面点的重要组成部分，面点的质量与面点中的馅心紧密相关。中式面点素以种类繁多、口味鲜美、形色俱佳而著称，无论在选料、制法、口味上都具有鲜明特色和极其讲究的制作技巧。因此，要想掌握好中式面点馅心技术，首先要熟悉各种制馅原料的性质、特点、用途。

任务一　常用坯皮原料的选用

常用的面点坯皮原料一般分为面粉、大米、杂粮类、淀粉类和其他类，这些原料只有经

过合理的加工、调制，才可作为面点的坯皮原料。制作面团坯皮的原料在制作时要求无毒、无害，有营养价值，符合面点制作的要求。

一、面粉

面粉由小麦磨制而成，是面点制作的主要坯皮原料之一。不同的制品对面粉的工艺性能和质量有不同要求。如果面点制作中选择的面粉不符合所制面点食品工艺要求，就难以保证其质量。目前，随着食品工业技术的发展，已发展出专用粉。专用粉的品种可以按不同的用途和对蛋白质、面筋质的要求分为面包专用粉、面条专用粉、馒头专用粉、糕点饼干专用粉、油炸食品专用粉及家庭用粉、自发粉等。其中按面粉中的蛋白质（面筋质）含量又分为高筋面粉、中筋面粉和低筋面粉。

（一）高筋面粉

高筋面粉又称强筋面粉，其蛋白质和面筋含量高，蛋白质含量为12%～15%，湿面筋值在35%以上，适宜制作面包、起酥点心、泡芙等。品质较好的高筋面粉是加拿大产的春小麦面粉。

（二）中筋面粉

中筋面粉是介于高筋面粉与低筋面粉之间的一类面粉，蛋白质含量为9%～11%，湿面筋值为25%～35%，用于制作馒头、水饺、馅饼等。美国、澳大利亚产的冬小麦粉和我国的标准粉等普通面粉都属于这类面粉。

（三）低筋面粉

低筋面粉又称弱筋面粉，蛋白质和面筋含量低，蛋白质含量为7%～9%，湿面筋值在25%以下，适宜制作蛋糕、桃酥、饼干等。英国、法国和德国的弱筋面粉均属于这一类。

二、大米

大米是面点制作的主要皮坯原料之一，是稻谷经脱壳碾制而成的加工制品，按粒质分为籼米、粳米和糯米。

籼米是我国出产量最多的大米，四川、湖南等和华南地区所产的主要是籼米。籼米色泽灰白，半透明，呈细长形，长宽比例大约为3∶1，横断面为椭圆形。籼米米质较疏松，硬度适中，黏性小，胀性大。籼米主要用来制作干饭、稀粥及发酵型的面点。

粳米主产于太湖、淮北、云贵和东北等地区。其粒色透明或半透明似白蜡状，粒形短圆，长宽比例为1.4∶1或2∶1，横断面接近圆形。粳米的特点是米质较坚实，硬度高，黏性和胀性介于籼米和糯米之间，出饭率比籼米低，做成的饭柔软香甜，稀粥则质稠香黏。

糯米亦称江米，以江苏常州、溧阳等地出产的为好。其色泽乳白不透明，熟制阴干后有透明感，出饭率较粳米低。糯米呈长圆形或短胖圆条形，有籼糯米和粳糯米之分。糯米的特点是米质均匀，硬度低，黏性大，胀性小。其面点制品具有软、糯、黏、韧的特点。

籼米

粳米

糯米

三、杂粮类

杂粮是指米、麦以外的粮食，一般作为米、面的补充，有的地区也用杂粮来做主食。杂粮所含微量元素比米、麦高，如铁、镁、锌、硒等。随着人们对于营养的重视程度越来越高，杂粮也被越来越多的人熟知。杂粮主要包括谷类杂粮、豆类杂粮和薯类杂粮等。

（一）谷类杂粮

谷类杂粮是除面粉和大米之外制作面点常用的原料，主要包括小米、玉米、高粱、莜麦、荞麦等。在面点制作中，谷类原料可直接用于制作干饭或稀粥，也可磨制成粉用于制作糕点。

（二）豆类杂粮

豆类杂粮的品种很多，主要有大豆、赤豆、蚕豆、绿豆、豌豆等。根据豆类的营养素种类和数量可将它们分为两大类：一类是以大豆为代表的高蛋白质、高脂肪豆类，如大豆；另一类是以碳水化合物含量高为特征的豆类，如绿豆、赤豆等。

（三）薯类杂粮

薯类杂粮主要包括马铃薯、甘薯、芋头、山药等。

四、淀粉类

面点中常用的淀粉类坯团原料主要包括澄粉、粟粉、西米等。

（一）澄粉

澄粉即小麦淀粉，是将面粉和成面团用水漂洗后，把面粉里的面筋与其他物质分离出来，然后沉淀、烘干碾制而成的粉料。澄粉色白而细滑，吸水性强，无筋力，因其成分主要为淀粉，故常用沸水调制成团。澄粉面团可塑性好，常用于制作象形面点或特色面点，如虾饺、水晶饼等，其制品成熟后呈半透明状。

（二）粟粉

粟粉即玉米淀粉，粟粉洁白细滑，吸水性强，常掺入澄粉面团，增加澄粉面团的吸水性，从而提升坯皮爽滑、弹性好的特点。粟粉还可用于勾芡或制作凉糕等。

（三）西米

西米又称西谷米，是由淀粉经冲浆、轧丸、烘焙干制而成的圆珠形粉粒。最为传统的做法是从西谷椰树的木髓部提取淀粉，手工加工制成。市场上主要有大西米和小西米两种。大西米如豌豆大小，小西米如高粱米大小。优质西米色白，耐煮，成熟后透明，质糯爽滑。西米通常入开水锅中煮至透明，入冷水浸漂后捞出备用。西米可与椰汁、牛奶等制作成羹汤，如椰汁西米露；也可粘在小吃表面做装饰，如珍珠圆子；还可与凝胶类原料搭配制作冻类制品等。

五、其他类

用于制作坯团的其他类别主要是蔬果类，如芋头、藕、百合、南瓜、萝卜等，经加工后和其他粉料一起使用能制作出各种特色的面点，如芋泥蟠桃、芋泥金瓜、藕丝糕、百合糕、南瓜饼、萝卜糕等。

任务二　常用辅助原料的选用

（知识拓展）

面点制作中的辅助原料，是面点制作不可或缺的原料，一般在面团中起到改善面团性质，使成品具有良好的色、香、味、形等特点的重要作用。面点制作的辅助原料掺入各种面团的比例不同，其制品的效果也不同。常用的辅助原料有油脂、糖类、蛋品、乳品、水、盐、食品添加剂等。

一、油脂

在面点制作中，常用的油脂有植物油、动物油和动植物油脂再加工品三类。

（一）植物油

食用植物油根据精制程度和商品规格可分为普通（精制）植物油、高级烹调油和色拉油三个品级。面点中使用的植物油以精制后的烹调油、色拉油为主。

面点制作中常用的植物油有菜籽油、花生油、大豆油、芝麻油、橄榄油。其中，菜籽油和花生油特点如下。

（1）菜籽油，是制作色拉油的主要原料，精制后的菜籽油澄清透明，色泽浅黄，有特殊香味，常用于制馅、坯料调制，还是油炸制品的良好传热介质。

（2）花生油，具有独特的香味和滋味，同时具备良好的抗氧化性，常作为烘焙用油脂。花生油的饱和脂肪酸含量较高，在我国北方，春、夏、秋季的花生油为液态，冬季则变成白色半固态状。花生油用于面团调制，具有较好的工艺性能。

菜籽油

花生油

（二）动物油

动物油主要来源是动物乳汁以及动物的脂肪组织，主要有猪油、牛油、羊油、黄油等，大多动物油都具有熔点较高，可塑性、融合性、起酥性好的特点。其中，猪油和黄油特点如下。

（1）猪油，根据提取部位的不同可分为板油、内脏油、肥膘油。猪油色白味香，硬度适中，可塑性强，起酥性好，在面点制作中应用广泛，可使制作出的产品品质细腻，口味肥美。但由于猪油融合性稍差，稳定性也欠佳，因此常用氢化处理或交酯反应来提高猪油的品质。

（2）黄油，又称奶油、白脱油，是从鲜牛乳中加工分离出来的乳脂肪。黄油的乳脂含量约为 80%，水分含量约为 16%。黄油具有特殊的芳香和营养价值，因此备受人们喜爱。黄油中含有较多饱和脂肪酸和磷脂，它们是天然乳化剂，可使黄油具有良好的可塑性与稳定性。黄油常用于酥点制作和面点装饰。

（三）动植物油脂再加工品

动植物油脂再加工品是指以动植物油脂为主要原料，经过进一步加工而成的油脂产品。常用的动植物油脂再加工品有氢化油、人造黄油、起酥油等。其中，氢化油又称硬化油，是经过氢化的油脂，其由液态变为固态，由不饱和脂肪酸变为饱和脂肪酸。油脂经过氢化，可提高油脂的可塑性、起酥性、稳定性、熔点，一般用来制作人造黄油和起酥油，很少直接食用。

二、糖

在面点制作中，常用的糖类主要有食糖和糖浆两大类。

（一）食糖

食糖是由甘蔗、甜菜等榨取而来的，其主要成分为蔗糖。根据精制程度、形态和色泽，食糖大致可分为白砂糖、绵白糖、赤砂糖、红糖、冰糖、糖粉等。

（二）糖浆

面点制作中常用的糖浆有饴糖、葡萄糖浆、蜂蜜、转化糖浆等。

饴糖俗称麦芽糖、糖稀、米稀，是以淀粉为原料，经过淀粉酶水解制成的食品，色泽淡黄而透明，呈黏稠浆状物，甜味较淡，其主要成分为麦芽糖和糊精。饴糖还原性强，能够改善制品的润滑性和抗结晶性，从而使制品质地均匀、滋润绵软，并易与蛋白质类含氮物质起反应产生具有独特风味的棕黄色焦糖，在面点制作中可代替部分食糖使用。

饴糖

葡萄糖浆

蜂蜜

转化糖浆

三、蛋品

面点制作中常用的蛋品是鲜鸡蛋。鸡蛋不仅产量大，成本较低，且味道温和，性质柔软，在面点制作中的功用也较其他鲜蛋优越，是面点用蛋的最佳原料。鹌鹑蛋、鸭蛋、鹅蛋等鲜蛋的腥味较重，在面点制作中运用较少。

四、乳品

乳品具有很高的营养价值，在改善工艺性能方面发挥着重要作用。面点制作中常用的乳品包括鲜乳、乳粉、炼乳等。

（一）鲜乳

鲜乳又称鲜奶，呈不透明乳白色或白中微带黄色，有特殊的乳香味。在面点制作中，最常用的鲜奶是牛奶。牛奶营养丰富，使用方便，但含水量高，容易受微生物污染而变质，不能长时间保存。

（二）乳粉

乳粉又称奶粉，以鲜乳为原料，经浓缩后喷雾干燥制成。乳粉可分为全脂乳粉和脱脂乳粉两大类。乳粉具有较强的吸湿性，应密封保存。

（三）炼乳

炼乳分为甜炼乳和淡炼乳两种，其中甜炼乳销售量较大，在面点制作中常用于面点的增香调味，也用于甜点的蘸料，如金银馒头的蘸料。甜炼乳，即在原料牛乳中加入 15% ~ 16% 的蔗糖，然后将牛乳的水分加热蒸发，浓缩至原体积的 40%。淡炼乳，蒸发浓缩至原体积的 50% 且不加糖。

五、食品添加剂

面点制作中较常用的食品添加剂主要有膨松剂、凝胶剂、食用色素、香精香料和食盐等。

（一）膨松剂

膨松剂又称疏松剂、膨胀剂，是指能使食品体积膨大、组织疏松的添加剂，是中式面点工艺常用的添加剂。膨松剂主要包括生物膨松剂和化学膨松剂两类。

1. 生物膨松剂

生物膨松剂是指具有生物活性的一类微生物，利用其在生长繁殖过程中产生的大量 CO_2 气体，使面团膨胀，从而使制品质地膨松柔软。面点制作中使用的生物膨松剂主要是酵母。

2. 化学膨松剂

化学膨松剂是指在一定条件下受热分解或发生化学反应，产生 CO_2 气体，使制品疏松多孔，从而具有膨松、酥脆或柔软特点的膨松剂。根据膨松的原理，化学膨松剂分为单质膨松剂和复合膨松剂。

（二）凝胶剂

凝胶剂是面点制作品种中冻类的主要原料，是指使食品中胶体（果胶、蛋白质等）和水分凝固为不溶性凝胶状态的食品添加剂，常见的有琼脂、明胶等在使用时通常需要先用冷水浸泡，再经加热熔化、冷却凝固的过程来制作冻类制品，如豌豆黄、水果冻、杏仁豆腐等。其用量根据质感需求加以调整，量多质绵韧，量少质软滑。

1. 琼脂

琼脂又称洋菜、琼胶、燕菜等，是从石花菜、江蓠等红菜植物中提制的多糖，常见的有粉状、片状、条状，其中以细条为佳。琼脂不溶于冷水但溶于沸水。琼脂常用于制作水果冻等，也可在制作糕点和冰激凌时用作增稠剂。

2. 明胶

明胶又称鱼胶、吉利丁，呈无色或微黄透明的脆片或粗粉状，常见品为明胶片或明胶粉。明胶的用途广泛，是制作冻类面点的常用原料。明胶主要由蛋白质构成，不含淀粉，不含脂肪，不但是低热量的低卡食品，还可以补充肌肤大量的胶原蛋白。明胶通常用于制作果冻和其他冻类甜点。

琼脂

吉利丁片

吉利丁粉

（三）食用色素

食用色素是用于食品着色和改善食品色泽的食品添加剂，一般用于面团、馅心的调色及制品表面的装饰,起到美化装饰、促进食欲的作用。食用色素分为天然食用色素和人工合成色素。

1. 天然食用色素

天然食用色素是直接从动植物组织中提取的色素。天然色素的特点：一般来说，对人体无害，有的还具有一定营养价值；色调自然，能更好地模拟自然事物的颜色；成本较高；不易调色，不易着色均匀；保质期短，如糖色、叶绿素、姜黄素、胡萝卜素、红曲米等。在面点制作中也常用咖啡、可可粉来做调色原料。

2. 人工合成色素

人工合成色素主要是通过化学合成制得的有机色素。人工合成色素的特点：无营养价值，或多或少带有毒性，对人体有害；着色力强；色泽鲜艳；色调多；性能稳定；可任意调色；成本低廉；使用方便。国家对合成色素的使用品种、用量和使用范围都有严格的要求，对于违反规定造成危害的要追究经济、刑事责任。

（四）香料香精

香料香精是以改善、增加和模仿食品香气和香味为目的的食品添加剂。在面点制作中添加适量的香料或香精，可增加香味，从而刺激人的食欲，起调味作用。其中，香料按不同来源可分为天然香料和合成香料。

1. 天然香料

天然香料包括动物性香料和植物性香料，食品生产中主要使用植物性香料。植物性香料多由植物的花、叶、秆、果皮和果仁等取得。面点制作中常直接利用桂花、玫瑰、椰子、巧克力、可可粉、蜂蜜、各种蔬菜汁等作为天然调香物质。

2. 合成香料

合成香料是以石油化工产品、煤焦油产品等为原料经合成反应而制得的，一般不单独用于食品加香，大多在配制香精后使用，可直接使用的合成香料只有香兰素等少数品种。

（五）食盐

食盐是面点制作中的常用调味料之一，作为咸味调料常用于馅心、面臊中。除此之外，食盐对面团性质、面团发酵等方面的影响不容忽视，因而食盐也是面点制作的重要辅助原料。

1. 增进制品风味

食盐是一种咸味剂，能刺激人的味觉神经。食盐能引出原料的风味，使制品风味更加突出。

2. 调节和控制面团发酵速度

一般面粉制品在食盐的用量超过 1%（以面粉计）时，会产生明显的渗透压，对酵母的发酵有抑制作用，减慢发酵速度。因此，可通过增加或减少配方中食盐的用量，来调节和控制面团的发酵速度。

3. 增强面团筋力

食盐可使面筋质地变细密，增强面筋的立体网状结构，易于扩展延伸，同时能使面筋产生相互吸附作用，从而增加面筋的弹性。

任务三 常用制馅原料的选用

（知识拓展）

制馅原料就是调制面点馅心和面臊所用的原料。馅心是面点制作中的一个重要部分，大多数面点制品都有馅心。制馅原料的好坏，会严重影响面点制品的品质。在选择制馅原料时，需根据原料的特点和面点品种的口感要求进行合理选择。面点制馅原料品种繁多，一般来说，凡是可以烹制菜肴的原料均可作为制馅原料。根据原料的性质可以分为植物性原料和动物性原料两大类。

一、植物性原料

（一）蔬菜类

蔬菜是面点制馅的重要原料，由于蔬菜品种众多，质地、营养成分等不同，因此制作出的馅心特点各不相同。蔬菜在面点制作中常用于制作素馅和荤素馅的配料，也可将蔬菜榨汁或制泥掺入粉料内调制面团，这样既可丰富面团的色泽，也可增加制品的风味及特色。另外，部分蔬菜，如姜、葱、蒜、辣椒等，还可起到重要的调味作用。

根据食用部位可将蔬菜分为根菜类、茎菜类、叶菜类、果菜类、花菜类、芽菜类等。

1. 根菜类

根菜类是指以变态的肥大根部为食用对象的蔬菜。根菜类蔬菜富含糖类，比较适合贮藏，面点制作中常用的有萝卜、胡萝卜等。

2. 茎菜类

茎菜类是指以肥大的变态茎为食用对象的蔬菜，其中大部分富含糖类和蛋白质。这类蔬菜含水分较少，适于贮藏。其中不少具有繁殖能力，保管不当时，常有出芽状况，须加以防止。

茎菜类按其生长状态可分为地上茎（如青笋、蒜薹等）和地下茎（如马蹄、土豆等）。在面点制作中根据各品种的特点可制成多种风味的馅心及别具风味的小吃。

3. 叶菜类

叶菜类是指以肥嫩菜叶及叶柄作为食用对象的蔬菜。叶菜类富含维生素和无机盐，大多数生长期短，适应性强，一年常有供应。面点制作中常用的叶菜有菠菜、韭菜、芹菜、大白菜、小白菜等，常用于馅心的调制。

4. 果菜类

果菜类是以果实和种子作为食用对象的蔬菜。按果菜的特点，可分为瓜类（如黄瓜、南瓜、冬瓜等）、茄果（如茄子、番茄等）和荚果（如四季豆、豌豆等）。果菜类蔬菜在面点制作中常用于馅心的调制。

5. 花菜类

花菜类是指以植物的花蕾器官作为食用对象的蔬菜。其种类不多，常见的有黄花菜、花椰菜、韭菜花等。花菜类蔬菜特别鲜嫩，其中黄花菜大多被制成干制品。

6. 芽菜类

芽菜类是各种谷类、豆类、树类的种子培育出可以食用的芽、芽苗、芽球、幼梢或幼茎，又称芽苗类蔬菜，如豆芽、香椿苗等，风味独特，清香脆嫩适口，有些还具有特殊的医疗保健功能。其营养成分主要有糖类、脂肪和蛋白质，还有矿物质和维生素等。

由于各种蔬菜的上市季节、产地、品种不同，调制馅心时，必须考虑蔬菜的上市季节、特点、存放时间，并且要选择质嫩、新鲜的原料作为制馅原料。

（二）食用菌类

食用菌类是指以大型的无毒真菌类的子实体作为食用对象的蔬菜。菌类一般有鲜料、干料和罐装三类。其中，干料需用水胀发后才能使用。常见的食用菌类有榛蘑、香菇、金针菇、平菇、黑木耳、银耳、猴头菇等。菌类味道极鲜，且清香爽口，在面点制作中运用广泛。

（三）果品类

果品类原料在面点制作中常用于甜味馅心和面点制品的点缀装饰。通常情况下，将果品分为鲜果、干果和果品制品三大类。

鲜果

干果

果品制品

二、动物性原料

动物性原料在面点馅心、面臊中应用广泛。这类原料可提供人体所必需的多种营养素，是蛋白质、脂肪等营养素的重要来源，也是对面点制品营养价值的重要补充。动物性原料主要包括畜肉类、禽肉类、水产品类及动物性加工制品。在面点制作中，动物性原料是荤馅的重要组成部分，也是某些特色面团（鱼虾蓉面团、肉蓉面团等）的组成部分之一。

（一）畜肉类

畜肉类主要是指哺乳类动物的胴体及其副产品。面点制作中常用的畜肉主要有猪肉、牛肉、羊肉，特别是猪肉，在面点制作中运用较多、较广。湖南省较出名的猪种有：宁乡花猪，猪的肌肉一般呈现淡红色，煮熟后呈灰白色。肌肉纤维细而柔软，结缔组织较少，肌间脂肪含量较其他肉类多，烹调后滋味特别细嫩鲜美。

（二）禽肉类

面点制作中较常用的禽肉类是鸡肉和鸭肉，其次是鹅肉。鸡肉蛋白质含量最高，肌间脂肪较多，因而质地细嫩柔软，并且肌肉中还有较多的谷氨酸，使得鸡肉烹调后特别鲜香。制作鸡肉馅心主要选用肉质清白肥嫩的鸡脯肉。鸡肉除单独制馅外，还经常与其他原料一起制成三鲜馅。鸭肉质地较鸡肉差，并略带腥膻气味，但鸭肉脂肪含量大，口感较鸡肉更滋润肥美。面点制作中常用鸭脯肉制作馅心。鹅肉质地较粗，并带有膻味，还不易消化，制成的馅心品质不如鸡肉和鸭肉。

（三）水产品类

水产品类主要有鱼、虾、蟹、贝类等，尤以鱼类应用较多，选择时应选体大、肉厚的鱼、虾、蟹、贝类，要选用新鲜、有弹性的鲜活原料。

（四）动物性加工制品

面点制作中常用的动物性加工制品有海参、鱼翅、干贝、燕窝、金钩、火腿等。其中，海参根据外形特征分为刺参和光参两类，不同的品种质量差异很大。动物性加工制品在面点制作中经水泡发后用于馅料的调制。

三、调味原料

调味原料又称调味品、调料，在面点制作中一般用于馅心、面臊的调制和半成品的直接调味，也可直接用于面坯中，具有除异增香、丰富滋味、改善色泽等作用，使成品味美可口。调味原料大致可分为五类：咸味调料、甜味调料、酸味调料、鲜味调料、香辛调料。除以上单味为主的调味品外，调味原料还有大量的复合味的调味品，如咖喱、海鲜酱、柱侯酱、腐乳汁、花椒盐等。

项目测试

一、单项选择题

1. 通用面粉其蛋白质含量为（　　）。

A. 7% ~ 9%　　B. 11% ~ 13%　　C. 9% ~ 11%　　D.17% ~ 19%

2. 大米粒形短圆，粒色透明或半透明似蜡白状的是（　　）。

A. 籼米　　B. 粳米　　C. 糯米　　D. 香米

3. 面包专用面粉按筋度分，应属于（　　）。

A. 高筋面粉　　B. 中筋面粉　　C. 低筋面粉　　D. 强筋面粉

4. 大米种类中，胀性最大的是（　　）。

A. 籼米　　B. 粳米　　C. 糯米　　D. 黑米

5. 下列油脂中，组成成分中含有水分的是（　　）。

A. 猪油　　B. 牛油　　C. 黄油　　D. 橄榄油

二、判断题

1. 蛋糕专用粉蛋白质含量高，面筋值也较大，因此筋性强。（　　）
2. 富强粉弹性大，韧性、延展性强，适宜做面包、馒头。（　　）
3. 糕粉主要是由小麦熟制后磨成的细粉。（　　）
4. 大米中糯米黏性最大，粳米胀性最大。（　　）
5. 低筋面粉适宜制作各类面条、饺子、包子类制品。（　　）

项目三　制作设备与工具

职业能力目标

- 了解面点常用辅助设备与工具、面团调制设备与工具、面点成形设备与工具、面点成熟设备与工具的种类
- 熟悉面点常用辅助设备与工具、面团调制设备与工具、面点成形设备与工具、面点成熟设备与工具的工作原理
- 掌握面点常用辅助设备与工具、面团调制设备与工具、面点成形设备与工具、面点成熟设备与工具的用途
- 能够合理地选用面点设备与工具

典型岗位任务

- 熟悉面点常用辅助设备与工具
- 熟悉面团调制设备与工具
- 熟悉面点成形设备与工具
- 熟悉面点成熟设备与工具

案例导入

出生于陕西农村的小李，从小热爱制作面点，高中毕业后，她并没有选择继续读大学，而是选择在面点行业中跟着师傅学习，她迫不及待地想学会各种面点品种的制作。跟着刘师傅学习 5 年面点后，她有一个参加国家级技能大赛的机会，小李非常高兴，训练期间，在制作象形品种“核桃包”的时候，怎么做出非常逼真的核桃花纹，这个问题就难住了小李，冥思苦想后，小李用工具自己改造出了一个新型花钳，终于，这一小工具解决了核桃包的形状这一大难题，既能做出逼真的核桃包，还加快了制作速度。

“工欲善其事，必先利其器。”面点的生产从生产手段来看有手工生产、印模生产、机器生产，但不管在面点生产过程中使用哪种生产手段，都必须使用设备与工具来辅助面点生产，由此可见，面点制作设备与工具的使用是面点制作的重要条件之一。从面点的发展历程来看，面点技术的每一次进步，都与面点制作设备和工具的产生、发展、改良密不可分。

任务一　熟悉面点常用辅助设备与工具

一、面点常用辅助设备

（一）面案

面案又称案板、面台、台板等，是完成和面、揉面、擀皮、成形等面点制作工艺程序的工作台。面案种类根据材质分为木板面案、石材面案、不锈钢面案等多种，面案规格大小根据面点生产需要而定。

木质面案宜选质地坚硬且无气味的木材制成，要求表面平整且光滑，具有适当的摩擦力。

石材面案以大理石和磨光石最为常见，安装在铁架或砖砌的台上使用，具有坚固耐用、卫生清洁的特点，在西南地区使用较多。

不锈钢面案选用不锈钢制成，具有坚固、耐用、光滑、美观、卫生、清洁等特点。

木质面案

石材面案

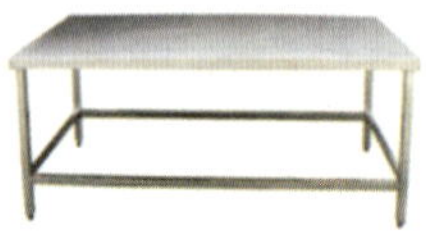

不锈钢面案

（二）电冰箱

电冰箱是保持恒定低温的一种制冷设备，按冷却方式分为风冷式和直冷式两种；按用途分为冷藏箱和冷冻箱两种，主要用于对面点原料、半成品和成品进行冷藏保鲜或冷冻加工。冷藏箱温度一般控制在 0℃～10℃；冷冻箱温度一般控制在 −18℃以下，使用时需根据物品的性质、气候条件、储存时间的长短等因素进行适当调节。

（三）发酵箱

发酵箱又称醒发箱。发酵箱的箱体大多选用不锈钢，由密封的外框、活动门、不锈钢托架、电源控制开关、水槽及温度湿度调节器等部分组成。发酵箱的工作原理是靠电热管将水槽内的水加热蒸发，产生水蒸气，使面团在一定温度和湿度条件下充分发酵、膨胀，具有升温快、方便、耐用、清洁、卫生等特点。

（四）绞肉机

绞肉机是面点生产过程中用于动物性原材料处理的一种设备，可将动物性原材料按照产品制作要求加工成不同形状规格。按动力方式分，有电动绞肉机和手动绞肉机两种，具有操作简便、耐用、效率高、安全卫生等特点。

二、面点常用辅助工具

（一）擀面杖

擀面杖是一种用来碾压面团使之延伸变薄或碾压原料使之变碎的手工工具。擀面杖按形状分为直棍、走槌、橄榄杖、烧卖槌等。

电冰箱

发酵箱

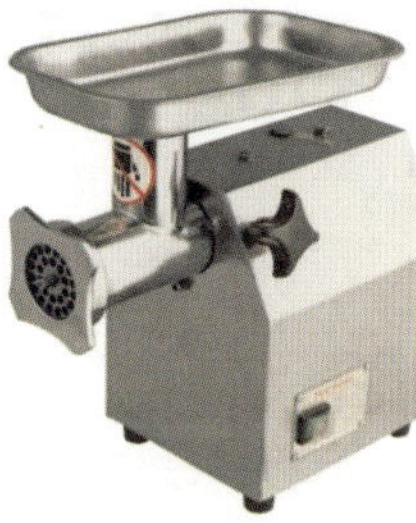
绞肉机

（1）直棍，根据面杖长度不同分为大、中、小三种，大的长 80 ～ 85 厘米，用于擀制手擀面及馄饨皮等大块面团；中的长约 53 厘米，用于擀制花卷、饼等品种面团；小的长约 33 厘米，用于擀制水饺皮、包子皮等品种面团。

（2）走槌，又称通心槌，形似滚筒，中间空，插入可活动圆木棍作为手柄，使用时可来回滚动，用于制作花卷、大块油酥、大饼类面点品种。

（3）橄榄杖，中间粗、两头细，形似橄榄，使用时双手持杖，用力要均匀，双手协调配合使面团转动，用于擀制蒸饺皮。

（4）烧卖槌，中间粗，形状类似于鸭蛋，中间有一个不可活动手柄，使用时来回滚动，用于制作烧卖皮。

直棍

走槌

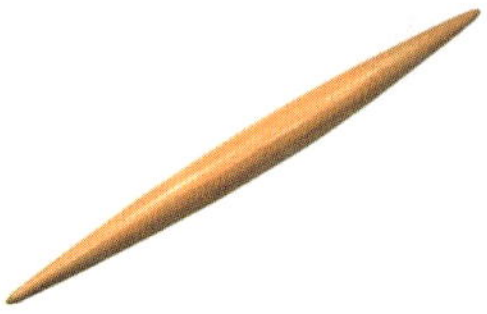
橄榄杖

烧卖槌

（二）刀具

刀具是面点生产过程中用于分割原料的一种工具。刀具的种类很多，在面点生产过程中，常用的有切刀、砍刀、滚刀等。刀具一般由薄钢板和不锈钢制成，不同的刀具用途不同，切刀常用于刀切馒头、植物性原料加工处理等，砍刀用于硬性原料处理等，滚刀用于条形坯料的切制或果仁果脯等辅料的加工处理。

（三）砧板

砧板又称菜板，按材质不同分为木质砧板、塑料砧板、竹质砧板等，材质不同的砧板各有特点。在面点生产过程中用于原料加工处理时的衬垫工作，在选择时要选用坚实、弹性好、耐用、不易损坏刀刃的砧板，要注意砧板板面平整，无凹凸，无缝隙。

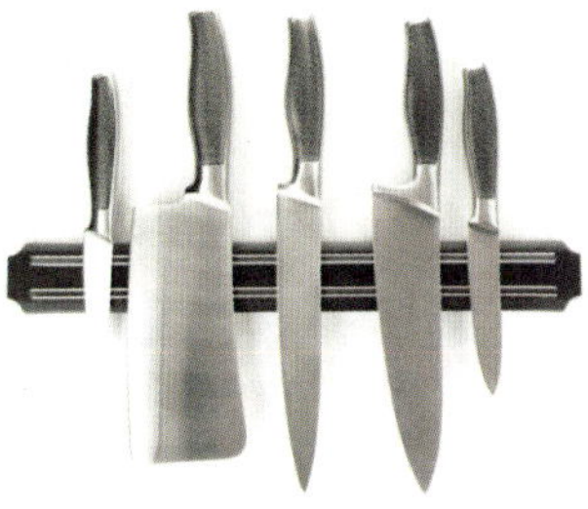
刀具

砧板

任务二 熟悉面团调制设备与工具

一、面团调制设备

（一）和面机

和面机又称拌粉机，有立式和卧式两种，用于调制面团及拌和各种粉料，将面粉、水、油脂、糖、乳制品等原材料进行充分混合搅拌等工艺流程，调节面团的吸水性，充分形成面团中的面筋质。它的工作效率比手工操作高 5 ~ 10 倍。

（二）压面机

压面机是经和面工序后代替手工揉面的一种设备，是将组织松散的面坯压成表面光滑、质地细密、有一定厚度的面片的机械。压面机一般用于对面筋性质要求较高的面团品种的揉面及面条、馄饨等品种制作。压面机压制出的面团面筋韧性强、耐煮、不易断。压面机有电动和手动两种类型。

立式和面机

压面机

（三）多功能搅拌机

多功能搅拌机集和面、打蛋、拌馅等功能于一体，一般有钩形、花蕾形和扇形三种搅拌器，并根据调制不同面坯时选用：搅拌面团时应选用钩形搅拌器；搅拌蛋液时应选用花蕾形搅拌器；搅拌馅心时应选用扇形搅拌器。另外，许多厂商设计的多功能搅拌机加了安全防护装置，搅拌桶盖上盖子时搅拌机才能工作，否则无法进行工作。

（四）磨粉机

磨粉机是一种主要用于麦、米、豆等原料的粉碎设备。按生产能力大小，磨粉机有大、中、小型之分，其中结构简单、操作方便的小型磨粉机主要用于面点原料的粉碎。

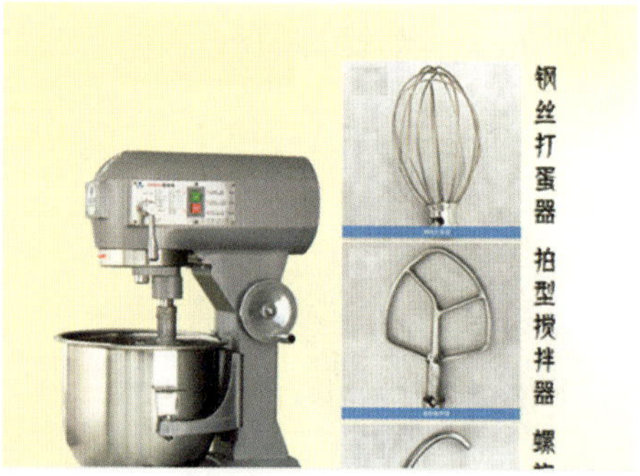

多功能搅拌机

磨粉机

二、面团调制工具

（一）粉筛

粉筛的制作材料有铜丝、钢丝、铁丝等，根据用途不同，粉筛筛眼的大小也各不相同，主要用于将各种粉料过筛及液体原料过滤等。

（二）面刮板

面刮板又称刮刀、刮面刀，是用于在面案上进行和面和清洁面案的工具，是面点制作的必备工具，刮面板按材质不同分为塑料、铜、合金面刮板。

粉筛

面刮板

（三）电子秤

目前，厨房常用的电子秤有电子液晶显示秤和指针显示秤两种。秤是面点制作工艺中量化原料的基本工具，用于称量各种原材料的重量。电子液晶显示秤用于称量数量较少、要求精确的原料，如膨松剂等；指针显示秤用于称量数量较多、要求不十分精确的原料，如面粉、水等。

（四）量杯

量杯的特点是使用方便，因此在面点制作工艺中使用较多。量杯所装原料种类不同，重量一般也有所不同，见下表。

原料名称	容积（单位：毫升）	用量（单位：克）
水	250	250
植物油	250	226
白糖	250	226
面粉	250	113

（五）温度计

温度计是可以准确测量温度的工具，面点制作工艺中用到的温度计有烤箱温度计、电子探针温度计等。烤箱温度计用来确认烤箱里的温度，烤箱型号不同、品牌不同，烤箱内部温度都有所不同。电子探针温度计用来确认液体原料、面团内部等的温度。

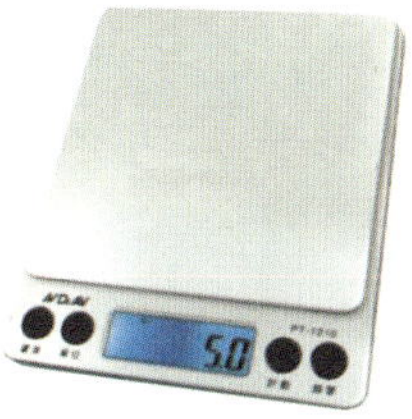

电子秤

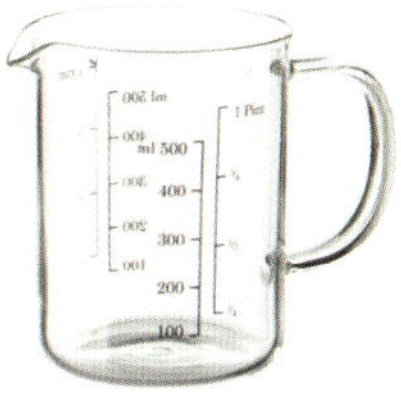

量杯

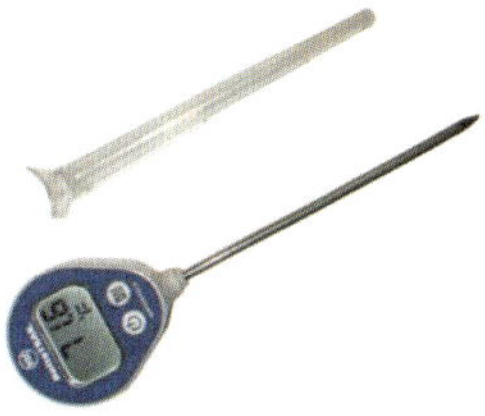

温度计

任务三　熟悉面点成形设备与工具

一、面点成形设备

（一）包子馒头成形机

包子馒头成形机是一种通过操作使包子馒头成形的机器，接触面团部分采用铝合金或不锈钢，外表采用抗老化喷塑处理，干净卫生、不生锈、不变色、不脱落。包子馒头成形可进一步加强面筋密度、馒头白度和韧性，采用二次搅拌，可即时补送入螺旋体，促进馒头大小均匀。把和好的面团和拌好的馅放入机器就可以制作出成形的包子。

（二）饺子成形机

饺子成形加工一般通过手工制作完成。近年来，市场对速冻食品的需求量大大增加，一些大型企业便开始使用机械代替手工操作，从制皮到成形的所有过程全部采用自动化完成。整机主要由制皮与输皮机构、筒状成形机构、供填馅机构、捏合成形机构、饺子生坯儿输送机构、传动系统及机架等组成，各机构之间的关联性全部由机械控制。

（三）月饼成形机

月饼成形机是一种冲模式面点包馅成形机，其结构较为复杂，主要由面料送料系统、馅料斗、面料定量盘、馅料定量盘、成形盘、印花盘、传动系统及有关辅助部件组成。其工作流程：馅料→压馅→送馅→面团→压面→送皮→冲面筒→冲馅→封口→压平→印花→生坯。

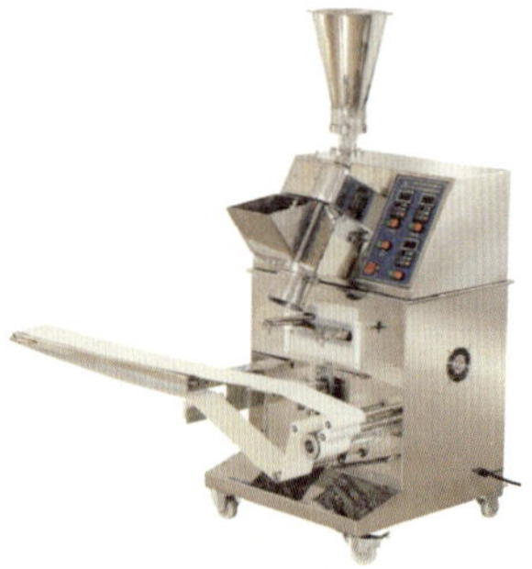
包子馒头成形机

饺子成形机

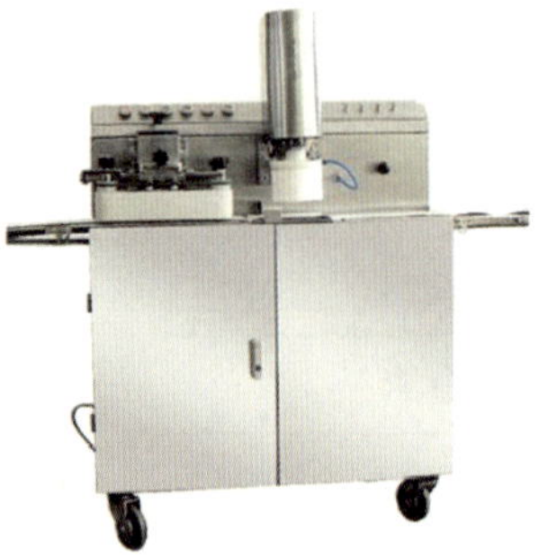
月饼成形机

二、面点成形工具

（一）花钳

花钳一般由铜片制成，形状、样式很多，用于面点制作中各种花式点心的成形。

（二）裱花嘴

裱花嘴一般由铁质或不锈钢材料制成，裱花嘴有很多种形状，可以制作出各种不同形状的花纹图案，常用于蛋糕裱花等。

花钳

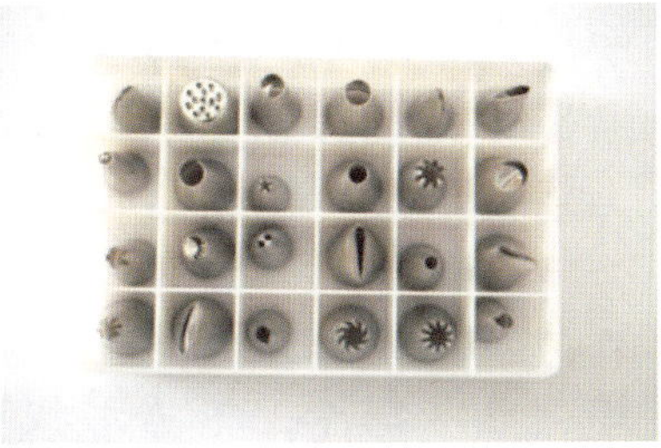

裱花嘴

（三）木梳

木梳用于制作各种鸟类、鱼类等花式品种的羽毛、鱼鳞形状等。

（四）剪刀

剪刀用于各种动物的嘴巴成形，剪鱼鳞，花卉、刺猬身体成形等。

（五）镊子

镊子用于装足、眼及钳芝麻等细小物件。

木梳

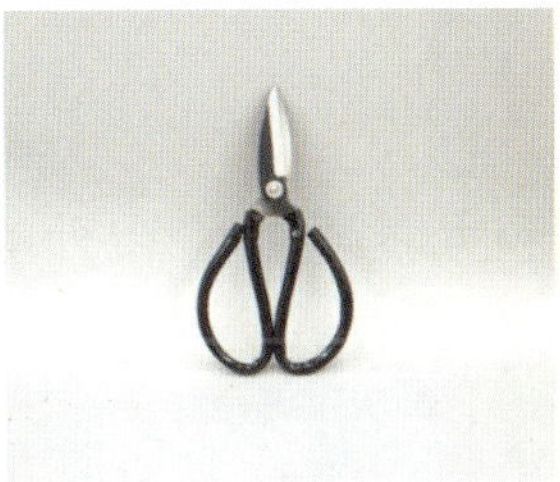

剪刀

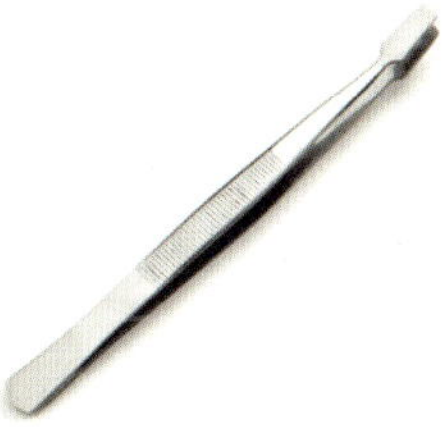

镊子

（六）牙刷

选用细软的牙刷，可将色素溶液弹涂到点心表皮上，如寿桃表面上色。

（七）毛笔、排笔

毛笔、排笔可用于在面点品种表面或坯皮上涂抹液体原料。

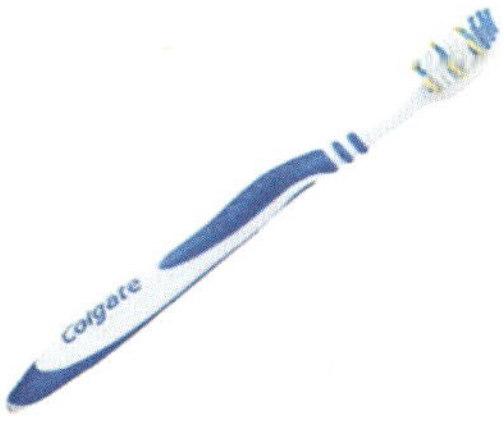

牙刷

毛笔、排笔

任务四　熟悉面点成熟设备与工具

一、面团成熟设备

（一）烤箱

烤箱是一种用来烘烤食物的电器，分为电烤箱和燃气烤箱。电烤箱是利用电热元件所发出的辐射热来烘烤食品的电热器具，其又分为平炉烤箱和风炉烤箱，其中，平炉烤箱可设置上下温度和火力，升温慢；风炉烤箱是利用风机循环被加热系统加热的高温空气来完成烘烤任务的器具，因其只有一个温度，所以烘烤成品表面上色均匀。

（二）电炸炉

电炸炉又称油炸炉、电炸锅等，根据形状可分为立式电炸炉、台式电炸炉。电炸炉缸体采用优质钢材制作，由外钢支架、独立提手油缸、发热管、精准探针、炸篮、油缸盖子等组成，可用于炸制油条、春卷、油酥点心等面点品种。

烤箱

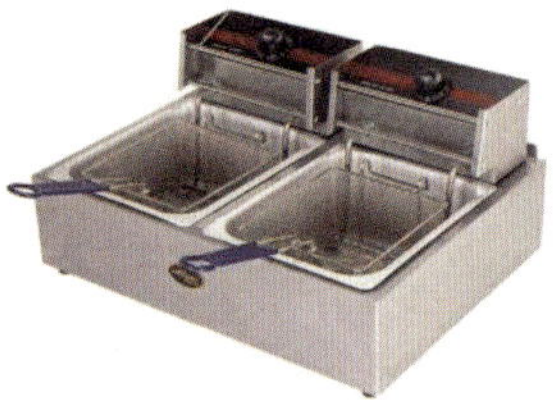
电炸炉

（三）多功能蒸煮炉

多功能蒸煮炉分为燃气蒸煮炉和电蒸煮炉，由外壳、盛水腔、燃烧器、排烟管和隔层组成。隔层与外壳相连，隔层内壁上间隔设置一层或一层以上的隔板，隔板由隔层内壁上的支撑处固定。使用时，隔板可将隔层分成几层，能同时蒸煮食物。

（四）电饼铛

电饼铛又称烤饼机，可以灵活运用煎、烙等烹饪方法，利用单面或者上下面同时加热使食物通过高温加热而成熟。电饼铛常用于各种饼类、生煎包、锅贴的制作。

蒸煮炉

电饼铛

二、面团成熟工具

（一）炒勺

炒勺是用来炒菜的带柄的勺子，可用于炒制馅心，油炸点心时可用于翻面旋转，使制品加热均匀。

（二）漏勺

漏勺呈勺子状，中间有很多小孔，用于油炸或水煮时捞面点制品。

（三）炒锅

炒锅是一种烹饪工具，是锅的一种，特征是顶部开口大，底呈圆形。由于中国南方食物多以小炒为主，故炒锅设计带有手柄以方便抛炒。炒锅主要用于煎或炒食物，但也可以用于蒸、炖、炸等其他不同的烹饪方法。

炒勺

漏勺

炒锅

（四）蒸笼

蒸笼根据材质不同分为竹质蒸笼、不锈钢蒸笼等，可用于包子、馒头等面点品种的成熟，但需搭配炒锅或蒸煮炉一起使用。

蒸笼

项目测试

一、单项选择题

1.（　　）是完成和面、调料、擀皮、成形等面点制作工艺程序的工作台。

A. 面案　　B. 操作盆　　C. 发酵箱　　D. 台面

2. 使面团在一定温度和湿度条件下充分发酵、膨胀的设备是（　　）。

A. 电冰箱　　B. 绞肉机　　C. 发酵箱　　D. 烤箱

3. 形似滚筒，中间空，插入可活动圆木棍作为手柄，使用时可来回滚动的擀面杖是（　　）。

A. 直棍　　B. 走槌　　C. 橄榄杖　　D. 烧卖槌

4. 用于擀制手擀面及馄饨皮等大块面团的擀面杖长度为（　　）。

A. 50 ~ 55 厘米　　B. 60 ~ 65 厘米

C. 70 ~ 75 厘米　　D. 80 ~ 85 厘米

5. 制作烧卖时选用的擀面杖是（　　）。

A. 直棍　　B. 走槌　　C. 橄榄杖　　D. 烧卖槌

二、判断题

1. 电冰箱主要用于对面点原料、半成品和成品进行冷藏保鲜或冷冻加工。（　　）

2. 用于擀制水饺皮、包子皮的擀面杖长约 28 厘米。（　　）

3. 选择砧板时只需要选用板面平整、坚实、耐用的砧板即可。（　　）

4. 切刀常用于刀切馒头、植物性原料加工处理等。（　　）

5. 使用电冰箱时需根据物品的性质、气候条件、储存时间长短等因素进行适当调节。（　　）

项目四　面点师岗位必备知识与技能

职业能力目标

- 掌握面点制作基础技能：和面、揉面、搓条、下剂、制皮、上馅、成形
- 能熟练调制面点常用馅心
- 能够灵活根据品种采用不同熟制方法
- 能够合理地设计制作盘饰作品

典型岗位任务

- 掌握面点制作基本功
- 掌握馅心的相关知识
- 掌握面点制作工艺
- 掌握盘饰工艺

案例导入

一堂水饺实训课

蒋老师带领学生进行水饺实训课。蒋老师先给学生讲解了水饺的制作要求和技术要领，亲自给学生演示了一遍后询问学生是否看明白，是否有不会的地方，学生都齐声说没有。随着蒋老师的一声“可以开始操作了”，学生便和面的和面，揉面的揉面，调馅的调馅，不大一会儿，开始包起了饺子。饺子包得差不多时，蒋老师提醒，各组煮一盘饺子后将进行点评。饺子煮好后，学生首先自评，然后把自己组的饺子与其他组的饺子进行比较。最后蒋老师开始点评：“同学们这次操作都非常认真，作品相互都看到了，有些组的饺子大小不均匀，有些组的饺子皮厚薄不均匀，饺子皮面不够光滑筋道，有些组的饺子馅包得太少。”为什么各组做出来的饺子会存在这么大的差异？学生在和面、揉面、饧面、搓条、下剂、制皮、上馅、成形时应该如何进行正确操作？能否采用不同的加热方法与盛盘方式？

任务一 掌握面点制作基本功

(知识拓展)

实训1 和面

和面是将粉料与水等其他原料掺和调制成团的过程。和面是整个面点制作的最初一道工序，也是最重要的环节。

一、手工和面的方法与分类

手工和面是指用手将粉料和水等辅料调和成面团的过程。手工和面的技法大体可分为抄拌法、调和法、搅和法三种。

1. 抄拌法

将面粉放入盆（缸）中或案板上，中间掏一个坑，加入水等辅料，用一只手或双手在坑内由外向内，由下向上，手不沾水，以水推粉，抄拌成雪花状，再加入少量水揉搓成面团，达到“三光”，即案板光、面光、手光。此种和面方法既适用于在盆内调制大量的冷水面团和发酵面团，也适用于在案板上调制小量的冷水面团、水油面团。

2. 调和法

将面粉放在案板上围成中间薄、边缘厚的圆形，将水倒入中间，双手五指张开，从外向内慢慢调和，使面粉与水结合，呈雪花片状后，再掺入适量的水和在一起，揉搓成面团。糕点行业常用此种和面方法调制大量的冷水面团和水油面团。饮食业通常用此方法调制少量的温水面团、热水面团、水油面团等。其操作方法是：将面粉置于案板上，中间刨一小坑，左手掺水或加油，右手和面，边掺边和，调制水油面团时直接用手，而调制温、热水面团时需用右手拿工具（筷子或擀面杖等），左手浇水。操作过程中，手法要灵活，动作要快。

3. 搅和法

这种方法主要用于热水面团、稀软面团和烫面的调制。①在盆内和面：将面粉放入盆内，中间掏坑，也可不掏，左手浇水，右手拿面杖搅和，边浇水边搅拌，搅匀成团。这种方法一般用于热水面团、春卷皮面团和蛋糊面等稀软面团的调制。②在锅内和面：锅置火上，掺水烧沸后，一只手拿小面杖，另一只手将面粉徐徐倒入锅中，边倒面粉边用小面杖快速搅拌，直至面粉全部烫熟，水汽收干为止。这种方法适用于调制沸水面团（全熟面）。

抄拌法

调和法

搅和法

二、机器和面简介及和面机和面的基本原理

1. 机器和面简介

机器和面是利用搅拌器向一个方向旋转，将面粉与水等辅助原料尽快拌和成团的过程。

目前，使用和面机和面已非常普遍，机器和面既可节省人力，又能使面团的性质得到良好控制，从而确保产品品质的稳定。

2. 和面机和面的基本原理

通过和面机搅拌桨的旋转工作，首先将面粉、水、油脂、糖等物料混合形成团块，再经搅拌桨的挤压、揉捏作用，使团块相互黏结在一起形成面团。在搅拌的作用下，面粉中的蛋白质吸水膨胀，膨胀的蛋白质颗粒相互连接起来形成面筋，经多次搅拌后形成庞大的面筋网络，即蛋白质骨架，面粉中的淀粉和油脂、糖等成分均匀分布在蛋白质骨架中，形成面团。

卧式和面机

立式和面机

三、和面机和面的操作方法

目前，常用的和面机主要是卧式叶片式和面机。和面机的操作必须以适应面团工艺要求为基础。

（1）筋性面团的调制。筋性面团主要包括冷水面团、水油面团、发酵面团等。操作时，首先将油脂、糖和 3/4 的水放入面斗内，以 60 r/min 的转速搅拌 1 分钟，停机加入 4/5 的面粉，以 60 r/min 搅拌 2 分钟，再以 30 r/min 搅拌，边搅拌边加入余下的面粉和水，搅拌均匀即成。一般需要 15 ~ 25 分钟。

（2）酥性面团的调制。酥性面团包括桃酥面团、松酥面团、甘露酥面团等。操作时，首先将油脂、糖、蛋液、乳、水、碳酸氢钠放入面斗，以 60 r/min 的转速搅拌 2 ~ 3 分钟，呈黏稠糊状。加入 1/5 的面粉搅拌 2 ~ 3 分钟，再加入 3/5 的面粉，以 30 r/min 的转速搅拌 3 ~ 4 分钟，最后加入其余面粉和辅料。时间不宜过长，否则容易上劲。

实训 2　揉面

揉面是将和好的面团经过反复揉搓，使粉料和辅料调和均匀，形成柔润、光滑的面团的过程。和面后，面粉大部分吸水不均匀，面团不够柔软滑润，工艺性能达不到制品的要求。可通过揉面促使各种原料混合均匀，促进面粉中的蛋白质充分吸水形成面筋，增加面团筋力，使面团光滑、柔润。揉面是调制面团的重要工序，也是确保下一道工序顺利进行的关键操作。

一、揉面的手法

揉面的手法主要分为揉、捣、揣、摔、擦、叠六种。

（1）揉。揉分单手揉、双手揉和双手交替揉三种。揉法的适应范围广，水调面团、发酵面团、水油面团等多用此法调制。单手揉指用左手（或右手）拿住面团一头，右手掌跟（或右手掌）将面团向前推压，摊开，卷拢回来，翻上“接口”旋转 90°，继续再推、再卷，反复多次，揉匀为止，一般用于较小面团。双手揉指用双手掌压住面团，用力向外推动，把面团摊开，同时从外逐步卷回来成团，翻上“接口”，再向外推压摊开、卷起，直到揉匀揉透、面团光滑为止，一般用于较大面团。双手交替揉指先用右手掌跟压住面团，向前推压、卷回，再用左手掌跟压住面团，向前推压、卷回，如此双手交替操作，面团呈条状向两侧延伸，然后将面团两头折回，继续推压，直到揉匀揉透。

单手揉

双手揉

双手交替揉

（2）捣。捣指在和面后，双手握紧拳头，在面团各处用力向下捣压。当面团被压开，折叠好再继续捣压，如此反复多次，一直把面团捣透上劲。筋力大的面团多用此方法，如油条面、面条面。

（3）揣。揣就是双手握紧拳头，交叉在面团上揣压，边揣、边压、边摊，把面团向外揣开，然后卷拢再揣，有一些面团要醮水揣，目的是使面团更加柔顺、均匀有劲。此方法多用于抻面面团的调制，发酵面团使碱操作。另外，揉制大量面团也常结合揣的动作。

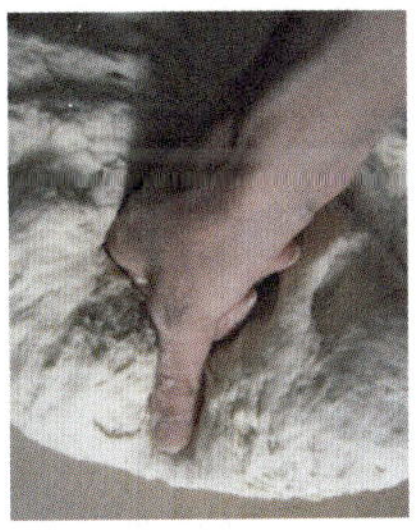
捣

揣

（4）摔。摔分两种手法，一种手法是双手拿住面团的两头，举起来，手不离面地摔在案板上，摔匀为止，一般情况下是揣后再摔，使面团更加滋润有劲，如拉面；另一种手法是用手抓起稀软面团，脱手摔在盆内，拿起，再摔，如此反复摔匀为止，如春卷面的调制。

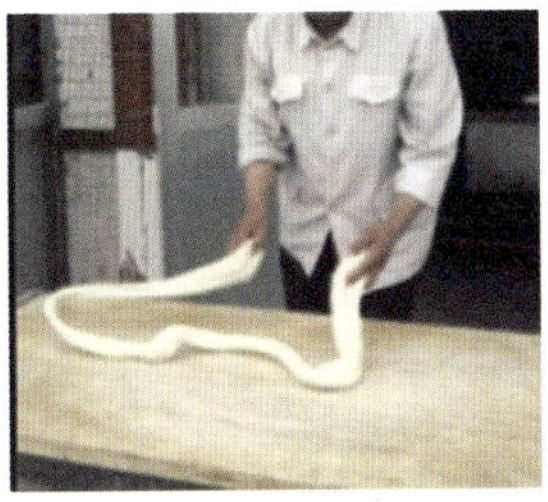
摔 1

摔 2

（5）擦。擦指用手掌跟把面团一层一层地向前边推边擦，面团推擦至前面，再回卷成团，重复推擦，至面团擦匀、擦透。通过擦可以增强物料间的彼此黏结，减少松散状态，如干油酥面团、熟米粉团、部分烫面的调制。

（6）叠。叠指先将配料中的油、糖、蛋、乳、水等原料混合乳化，然后与干性粉料拌和，用双手与刮板配合操作，上下翻转、叠压面团，使粉料与糖油混合物层层渗透，从而黏结成团，叠制操作主要是为了防止面团生筋，避免面团内部过于紧密，影响制品疏松效果，如混酥面团、浆皮面团的调制。

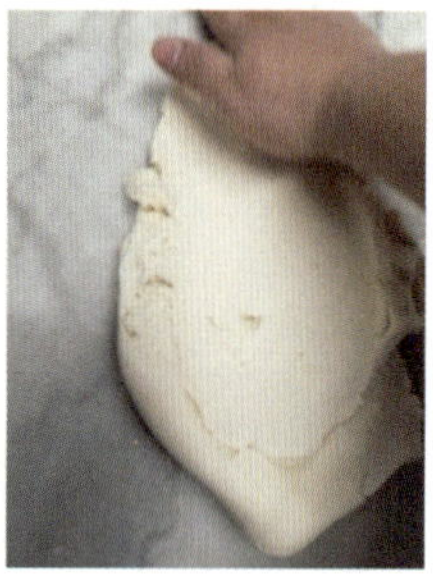

擦

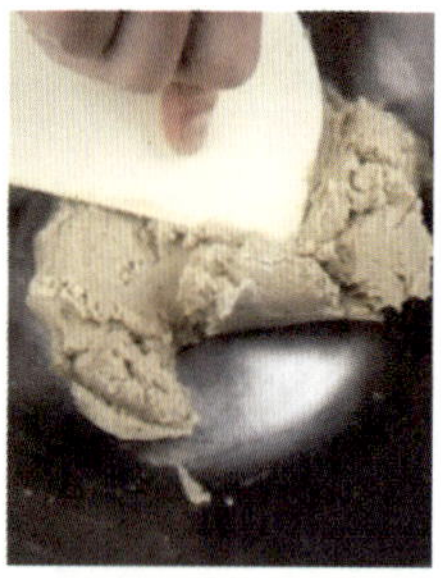

叠

二、揉面的要求

揉面的姿势要正确，身体不能靠住案板，两脚稍微分开，一般双脚之间的距离与肩宽相符，站成丁字步，身子站正，上身略向前倾，这样，揉面时便于使劲，也不致推动案板，并可防止粉料外落，造成浪费，污染环境。揉面时，无论是揉制大量面团还是小量面团，都要将面团揉光、揉匀、揣透，使面团吸水充分，有利于提高制品的质量。

实训3　搓条

搓条是将揉好的面团搓成长条的一种技法，方法是取出静置好的面团，先拉成长条，然后双手的掌跟压在条上，来回推搓，边推边搓，使条向两侧延伸，成为粗细均匀一致、光洁的圆柱形长条的方法。

搓条的基本要求

两手着力均匀、平衡；要用掌跟推搓，不能用掌心。搓出的条表面要求条圆、光洁、粗细均匀、条不空心。

实训4　下剂

下剂又称摘剂、揪剂、掐剂，各地叫法不一，都是下剂的手法。下剂是指将搓条后的面团分割成适当大小的面坯。下剂要大小均匀，重量一致，下剂的好坏将直接影响制品下一道工序的操作，决定成品的形状。

一、下剂的基本要求

大小均匀，重量一致，剂口利落，不带毛茬。

二、下剂的方法

下剂的方法主要有揪剂、挖剂、拉剂、切剂、剁剂等，其中揪剂运用较多。

（1）揪剂。揪剂又称摘坯、摘剂、扯剂，一般用于软硬适中的面团。其操作方法是：在剂条搓匀后，先用左手轻握剂条，从左手虎口处露出相当于剂子大小的一段，再用右手大拇指和食指轻轻捏住，并迅速顺势往下前方推拉摘，即可摘下一个剂子，然后用左手将捏住的剂条趁势转 90°（防止捏扁，使摘下的剂条比较圆整），并露出截面，右手顺势再揪，每揪一次，剂条都要转一次身，依此方法将剂子揪完。总之，揪剂的双手要自己配合，连贯协调。一般 50 克以下的面坯都可用这种方法，如蒸饺、水饺、烧卖等剂子均用此法。

（2）挖剂。挖剂又称铲剂，将面团搓成长条后，先将剂条放在案板上，左手按住，右手四指弯曲成类似挖土机的铲形，从剂条下面伸入，四指向上一挖，就可挖出一个剂子，然后把左手往左移动，露出下个剂子的截面，用右手再挖，直到挖完为止。此方法适用于剂条较粗，剂量较大，左手没法拿起，右手也无法揪下的剂坯，如馒头、豆沙包、大包子、烧饼等剂子。

（3）拉剂。拉剂也称掐剂，常用于不能揪也不能挖的较稀软面团。其操作方法是：用右手五指抓起适当剂量的坯面，左手抵住面团，拉断即成一个剂子，再抓，再拉，如此重复，馅饼的下剂方法即属于这种方法。如果坯剂规格很小，也可用三个手指拉下。

揪剂

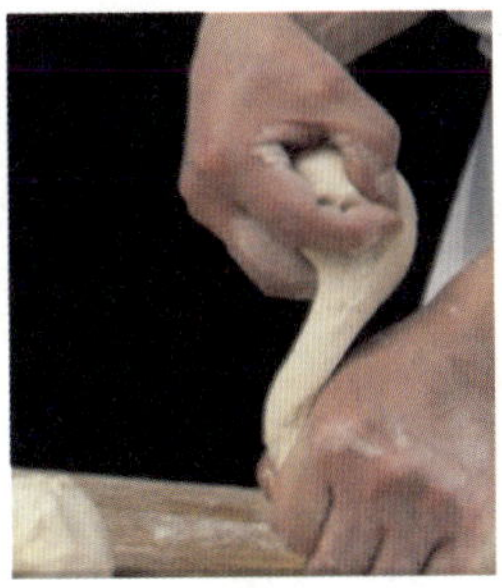

挖剂

拉剂

（4）切剂。有的面团如层酥面团，尤其是其中的明酥非常讲究切酥层，如圆酥、直酥、叠酥、排丝酥等，必须采用快刀切剂的方法，才能保证截面酥层清晰。有的面团很柔软，无法搓条，可将面和好后，摊在案板上，按平按匀，再切成方块剂子，擀成圆形即可，如油饼面、馒头等可采取切剂的方法。

（5）剁剂。将面团搓成条，放在案板上，用刀根据剂子的大小，一刀一刀剁下，既是剂子又是半成品，如刀切馒头、花卷等剂子。采用这种方法下剂，效率高，较省事，但要求基本功扎实，否则剁下的剂子大小不一，影响面点制品的整体美观。

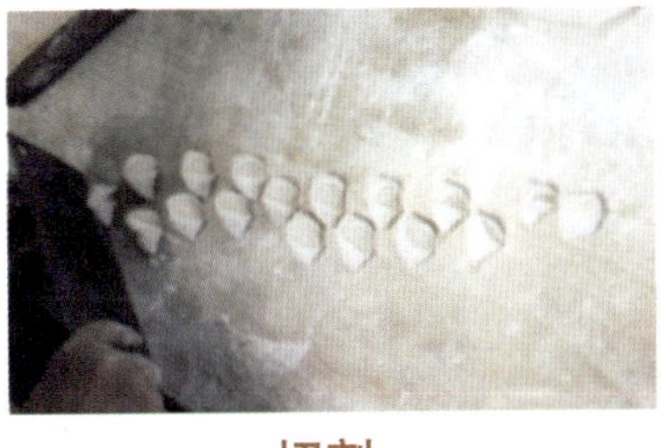

切剂

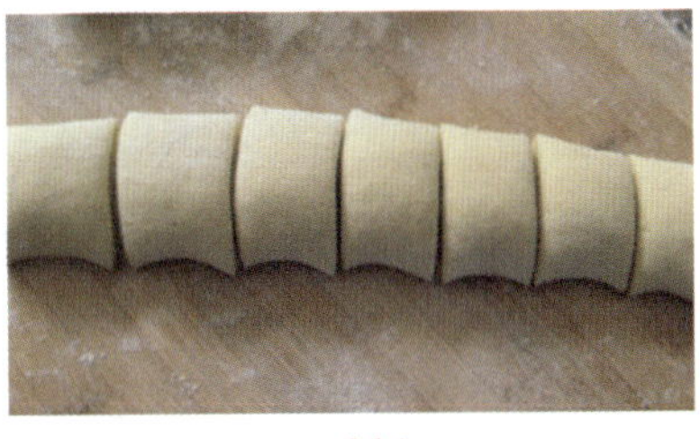

剁剂

实训 5　制皮

制皮是指将下好的剂子采用一定的方法加工成皮坯的过程。通过制皮便于包馅和进一步成形。

制皮的方法有很多，归纳起来主要有按皮、捏皮、摊皮、压皮、擀皮等方法，但尤以擀皮方法使用较多，操作较复杂。

1. 按皮

按皮是一种简单的制皮方法，将下好的剂子撒上扑面，先用双手揉成球形，再用右手掌面按成边缘薄中间较厚的圆形皮。按时注意用掌跟，不用掌心。此方法适用于包子等剂量大、皮略厚的品种。

2. 捏皮

捏皮一般是先把剂子用手揉匀搓圆，再用双手捏成圆壳形，包馅收口，又称“捏窝”。此方法适用于汤圆、珍珠圆子等品种的制作。

3. 摊皮

摊皮是比较特殊的制皮方法。摊皮时，先将平锅架火上烧热，再用右手持稀软面团不停地抖动（防止流下）顺势向锅内一摊，锅内就沾上一张圆皮，待圆皮受热成熟取下，再摊第二张，依次摊完。摊好的皮要求形圆，厚薄均匀，大小一致，没有气眼。此方法主要适用于筋质较强的稀软春卷面团等。

4. 压皮

压皮也是一种特殊的制皮方法，技术性较高。压皮时，先将下好的剂子放在案板上，用手略压，再用右手持长薄刀压在剂子上，左手按住刀面，用适当的力在面剂上旋转一下，即制成圆形皮。此方法适用于广东的澄粉面团，如虾饺皮的制作。

按皮

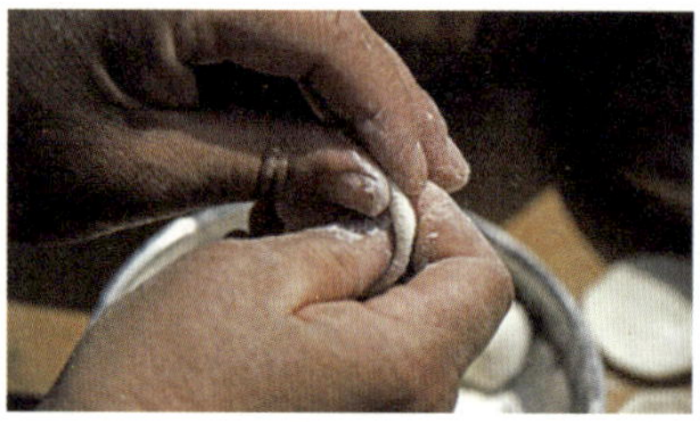
捏皮

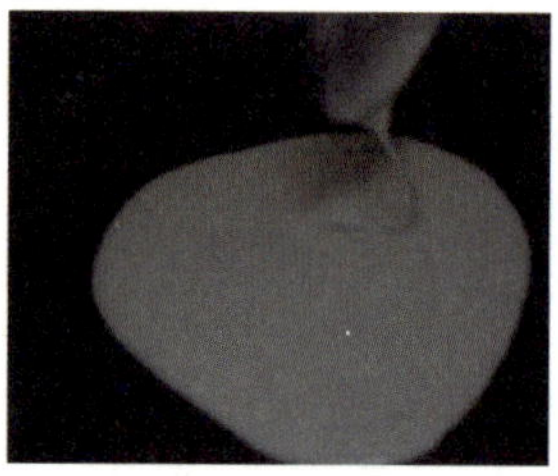
摊皮

压皮

5. 擀皮

擀皮是最主要、最普遍的制皮法之一，技术性较强。擀皮手法多种多样，具有代表性的有以下几种。

（1）饺子皮擀法。擀皮时，先把面剂按成扁形，以左手的大拇指、食指、中指捏住左侧皮边，放在案板上，右手持小擀面杖压在右侧皮的 1/3 处来回滚压，左手随之将面剂向左旋转，右手擀一下，左手转动一下，将面剂擀成厚薄一致的圆皮即成。擀制饺子皮时，要求边缘薄，中间略厚，擀制时擀面杖向前推擀不可超过面剂的中心，用力要由重到轻。

（2）面条、馄饨皮（抄手皮）擀法。面条及馄饨皮的面团为硬面团，和面后用捣压的方式将面团揣光滑。擀面条的方法与擀馄饨皮和饺子皮的方法不同，擀面条不下小剂子，而是用大块面团，用大擀面杖。将捣揣好的面团揉成长方形，扑上扑粉（以淀粉作为扑粉，装入纱布袋中，做成粉袋，便于擀片时均匀打扑粉）。用大擀面杖在其上反复压“人”字形，使面团变薄变长，然后撒上扑粉用大擀面杖将面片卷起，用双手掌跟压擀面杖向前推擀，擀到一定程度后，打开面片，用擀面杖的一头将面片的两端打薄（称为打荷叶边），而后撒上扑粉再卷起、推擀，反复几次；再将面片摊开撒扑粉，卷在面杖上倒楞，抽出擀面杖压“人”字形，再摊开撒扑粉卷在面杖上，推擀、倒楞、抽出擀面杖压“人”字形，反复几次至面片厚薄适中；然后叠成数层，用刀切成面条或方形馄饨皮。

饺子皮

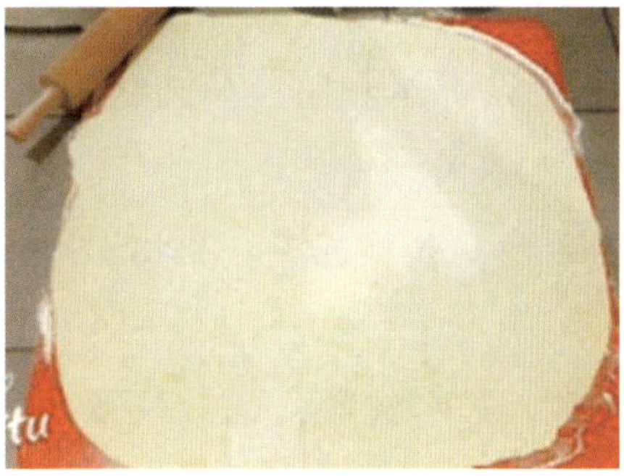
馄饨皮

（3）烧卖皮擀法。烧卖皮需用特殊擀面杖擀制，一般有两种擀面杖：一种是（烧卖）通心槌，另一种是中间粗两头细的橄榄杖。擀制烧卖皮时，要求将面皮擀成边缘有荷叶边式皱褶、中间略厚的圆皮，饮食业称为“荷叶边”“金钱底”。

① 通心槌擀法：双手抓住烧卖通心槌的两端，用力压住面剂的边缘，顺一个方向，向前边擀边转，面剂逐渐变大，直至面皮擀大擀圆、边缘呈荷叶边状即成。用通心槌擀制烧卖皮时，可以一个一个面剂地擀，也可先将数个面剂擀成圆皮，然后平放在案板上，撒上面粉，每两张皮的中间都必须均匀撒上面粉，再摞起若干坯皮，然后用通心槌擀成荷叶边形烧卖皮，这样一次可擀出数张烧卖皮。

② 橄榄杖擀法：先将剂子按扁按圆，放在案板上，然后再放擀面杖，左手按住擀面杖的左端，右手按住擀面杖的右端，双手配合擀制。擀皮时，着力点要放在边上，右手用力推动，边擀边向同一个方向转动，使面皮随之转动，并形成波浪纹的荷叶边形。

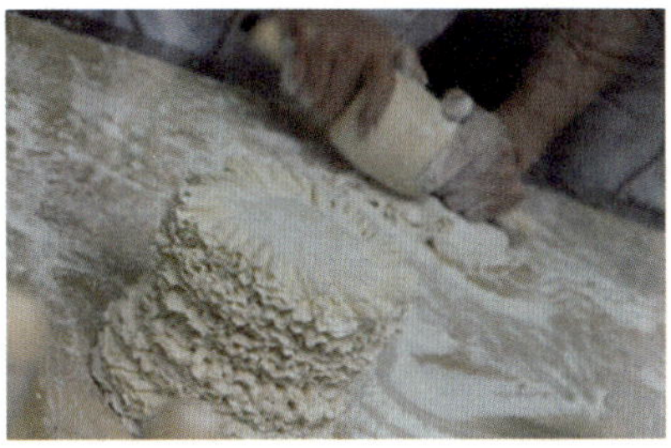
烧卖皮通心槌擀法

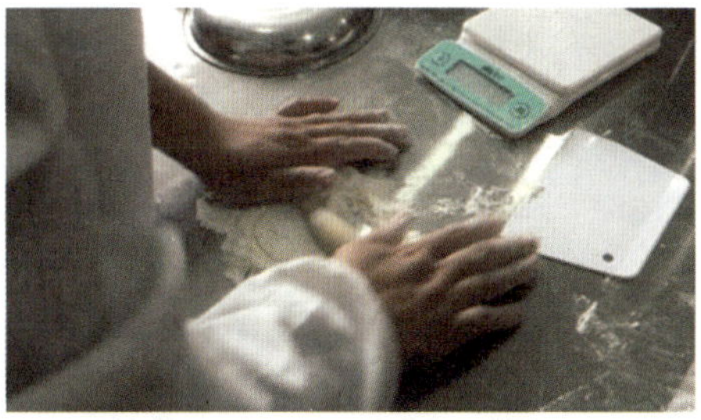
烧卖皮橄榄杖擀法

实训 6　上馅

上馅有的地区称打馅、包馅、塌馅，是有馅心品种的一道必需工序。上馅的好坏，可直接影响到成品质量。如上馅不好，就会出现糖馅外流、豆馅过扁、肉馅塌底等毛病。所以上馅是重要的基本步骤之一。

上馅的方法

由于品种不同，上馅的方法大体分为包上法、拢上法、夹上法、卷上法和滚沾法等，现介绍如下。

（1）包上法。这种上馅法较为常用，如包子、饺子、点心等大多数品种，都采用这种方法。但这些品种的成形方法并不相同，如无缝、捏边、卷边、提褶、提花等，因此，上馅的多少、部位、方法也就随之不同。

① 无缝包类品种，如糖包等，馅心较少，一般将馅上在中间，包好即成，关键是不能把馅上偏。

② 捏边类品种，如水饺等，馅心较多，上馅时要稍偏一些，即放馅心的半边皮占 40%，不放馅心的半边皮占 60%，这样覆盖上去，合拢捏紧，馅心也就正好在中间。

③ 提褶类品种，如小笼包子等，馅心较大，因提褶成圆形，所以馅心要上到中心。提花类品种，一般与提褶上馅品种相同，但花式种类很多，有时要根据花色而定。对于这类上馅方法，读者可自行查阅材料学习。

包上法——无缝包类制品

包上法——捏边类制品

包上法——提褶类制品

④ 卷边类品种，如盒子等。上馅时，用两张皮，一张放在下面，把馅上在皮上，铺放均匀，稍留些边，然后覆盖另一张皮，把上下两边卷捏成盒子。

（2）拢上法。如烧卖等，馅心较多，上在面皮中间，上好馅后拢起捏住，不封口，要露馅。

（3）夹上法。上馅时，一层粉料一层馅，均匀而平，可以夹上多层。对稀糊面的制品，则要先蒸熟后上馅，再铺另一层，如三色蛋糕类。

包上法——卷边类制品

拢上法

夹上法

（4）卷上法。上馅时，先将面剂擀成一片，全部抹馅（一般为细碎的馅和软馅），然后卷成筒形，再做成制品，熟制后切块，露出馅心。

（5）滚沾法。元宵的上馅法即滚沾法，它不是包进去的，而是把馅料切成小块，蘸湿水分，放入干粉中，用簸箕不断摇晃，裹上干粉而成。

卷上法

滚沾法

实训 7　成形

湘点的成形，是按照湘点制品形态的要求，运用各种方法，将各种调制好的面坯或坯皮制成各种各样有馅或无馅的成品或半成品。

湘点制品的花色很多，成形的方法也多种多样。湘点主要运用各种基本的手工操作技法辅以工具、模具或机械成形。成形是湘点制作技术的核心内容之一，是一道技艺性很强的工序，上接搓条、下剂、制皮、上馅的基础操作，下接熟制，因此，在湘点制作中具有非常重要的意义。

一、搓、卷、包、捏

这一类成形法，主要用于制作馒头、包子、卷类、饺子、馄饨、春卷等面点。

（一）搓

搓是用单手或双手将生坯做圆圈运动成球状的过程。搓好的制品要求表面光滑、形似球形，不能有裂纹等。

搓

搓法技术要领：

（1）多搓揉透，使生坯表面光滑，没有裂纹和褶皱，内部组织紧密，加热成熟的制品柔润光滑；

（2）搓褶处搓得越小越好，搓完将其坯尾朝下，摆放端正；

（3）搓后的制品形态要大小一致，近似球形。

（二）卷

卷是湘点成形中的重要方法之一，是把面坯擀成大薄片，抹上馅心等辅料朝一个方向加工成筒状的过程，如脑髓卷的制作。

脑髓卷

卷法技术要领：

（1）面皮制作的厚薄与加放的物料要均匀；

（2）卷时要松紧适度，粗细一致；

（3）卷的收边要压在底部，否则成熟后易散开。

（三）包

包是将制好的面皮加上馅再通过相应的手法制作出成品的过程。包因制品的品种不同，各有不同的包法，可分为折叠包法、包裹法、拢上法和提褶法。

（1）折叠包法：将上好馅的面皮边折叠边包裹上的过程，如包制三丝春卷。

（2）包裹法：此方法主要适用于汨罗粽子的成形。现以粽子成形为例加以说明：三角形粽子与菱角形粽子包法相同，即先将两张粽叶合在一起，扭成锥形筒，灌进米，然后包成菱角形或三角形即可。包四角形粽子时，先把两张粽叶的尖头对称，各叠2/3，折成三角形，放入米，左手理成长条形，右手把没有折完的粽叶往上推，与此同时把下边的两角折好，再折上边第四角，即成四角形粽子。

折叠包法

包裹法

（3）拢上法：用左手虎口卡住上好馅的面皮口子，右手托住底部，边托边用左手虎口往上收拢，直至封口成球形的过程。

（4）提褶法：用左手托住上馅的面皮，右手大拇指放在面皮上面，食指和中指放在面皮下面，然后双手配合，左手往下边扯边回边转，同时右手也边扯边回边折捏，直至包完的过程，如制作提褶包。

拢上法

提褶法

（四）捏

将上好馅或没馅的坯料，经过双手的指上技巧，按照成品的造型要求进行成形的方法。捏是比较复杂、富有艺术功夫的一项操作技术，主要用于制作象形品种。所制成品捏制技术多种多样，一般包括挤捏、推捏、叠捏等，不但要求色泽美观，而且要求形象逼真，如各种花色的饺子、芙蓉包等。

（1）挤捏。挤捏就是将坯皮的边缘捏合在一起，一般用于水调面团的包馅品种的制作，如水饺等。挤捏是捏法中较简单的手法。其操作要领是：左手托皮，右手上馅，将坯皮的边沿部位合拢对齐，双手食指弯曲在下，拇指并拢在上，用力挤捏坯皮的边沿部位，使其黏合。操作时应注意坯皮边沿要对齐，挤捏要紧，不能露馅，包馅部位不能挤压，以防影响制品形态。

（2）推捏。推捏是在挤捏的基础上继续进行的一种捏法，主要目的是将挤捏后的坯皮边沿推捏出一定的花纹。其操作要领是：上馅后左手托住生坯，右手大拇指和食指捏住坯皮边沿，向前推捏，这样连续向前进行，就形成完整的花边，如双边推捏和单边推捏，制作金鱼饺的背鳍、青菜饺的叶子、知了饺的翅膀等。推捏时应注意，坯皮边沿的花边推捏距离要协调匀称，不能有高有低，用力要适度，不能伤皮破边，花纹要清晰、美观。

（3）叠捏。叠捏又称折捏，是制作有洞眼的花色饺的基本手法。例如，制作四喜饺时把坯皮分成四等份，向中间对准，在中间捏紧，再把四个口的角两两捏紧，形成均匀的四个孔洞和四个小孔洞即成。

挤捏

推捏

叠捏

二、抻、切、削、拨

抻、切、削、拨统称为我国四大制作面条的技术。这类成形技法主要用于北方面食的制作，形态简单，成品多为条形，只是粗细、长短、圆扁、宽窄有别，然而技术难度大，技术针对性强，适用于特色品种如抻面、小刀面、刀削面、拨鱼面等。

（一）抻

抻面在有的地区称拉面，是我国面点制作中一项独有的技术，为北方面条制作之一绝。抻是将调制成的柔软面团，经双手反复抖动、抻拉、扣合，直至扣合抻拉成条丝等形状制品的方法。抻出的面条口味“筋道”，柔润滑爽，为广大人民喜爱。抻的用途很广，不仅制作一般拉面、龙须面时要用此种方法，制作金丝卷、银丝卷、一窝丝酥、盘丝饼等制品时也需要将面团抻成条或丝后再制作成形。抻出的面条形状有扁条、圆条（包括空心条）等，按粗细分为粗条、中细条、细条、特细条（龙须面）等。

抻

抻面时主要有三步：和面、溜条、出条。下面以制作龙须面为例，叙述其操作要点。

1. 和面

一般选用筋质强、劲力大的优质面粉，用料比例是面粉 2 千克、水 1.2 千克、盐 8 克、碱面 10 克。可根据具体情况适当调整。

和面时，先将面粉倒入盆内，将盐加入 800 克水（水温是冬温夏凉，春秋微温）内化开，再倒入面粉中搅拌均匀成麦穗面，再用手淋水继续拌和，用两只手捣揣，此后淋水、捣揣，直至盆净面光，没有疙瘩和粉粒，不粘手为止。将面团用湿布盖上饧约半小时，揉成匀透面团，这样在抻长、抻细时不易断条。

2. 溜条

溜条是用两手握住面的两端反复上下翻动、抻拉，使面条中面筋结构顺着条形排列整齐，成为粗细均匀的长条。

溜条时，取一部分饧好的面团，略搓成长粗条，在条上蘸抹碱水，两手各握住面条的一端，将面提起，两脚分开，两臂端平，运用两臂的力量及面条本身的重量上下抖动，同时两臂向外，抻拉到一定长度，迅速交叉使面条正旋转成麻花形。一只手再抓住下端，重复上述动作，反旋转成麻花形。如此反复，至面团顺筋、粗细均匀时即可。

溜条时，开始时用力要小一些，待面团筋力增强时方可大幅度抖动。溜条不可溜得过度，否则会使面质发澥，出条时粗细不匀。

3. 出条

出条有的地方称开条、放条，即将溜好的条滚上干面粉，反复折合抻拉，抻出均匀的细面条。

出条时，在案板上撒上干面粉，滚匀溜好的条。双手提两端，离案抻拉成长条，再放在案板上，去掉两头，由中间折转过来，左手食指与中指、中指与无名指分别夹住条的两个头，右手掌心向下，中指钩住面条中间的折转处，两手向相反方向一绞，使面条成绳状，然后向两头抻拉，拉长后放于案上，把右手的面头扣到左手中指上，再用右手中指钩往面条中间折转处，向外抻拉。如此反复，直到面条达到要求的粗细即可。

一般抻面的粗细由扣数多少确定，扣数越多面条越细。若面条根数以 E 表示，扣数以 n 表示，则 $E=2^n$。一般的拉面为 8 扣左右，龙须面的扣数则需 13 扣以上，一般不超过 16 扣。

（二）切

切

切，是以刀做工具将坯料分割开使其成形的方法，常见的品种有刀切面、油条和一些酥点的成形等。由于切法的用处不同，行刀技巧也不尽相同，所以其具体操作不能单一规定，需工作人员在制作过程中灵活掌握。不论什么品种的切法成形都应握刀要稳，下刀要准，成形均匀，不能出现连刀等现象。此外，有些成熟后再成形的制品也需用切的方法，如竹叶蛋糕。

（三）削

削，是用刀直接削制面团而成长条形面条的方法。用刀削出的面条称刀削面，这是北方一种独特的技法。煮熟的刀削面吃口特别“筋道”、劲足、爽滑，为一种别有风味的面条，很受食客欢迎。削分为机器削和手工削两种，其中，手工削面的具体方法如下。

削

先和好面（面要硬些），每 500 克面粉掺冷水 150 ~ 175 克为宜，冬增夏减。和好面后饧面约半小时，再反复揉成长方体面团块，然后将面团放在左手掌心，托在胸前对准煮锅，右手持削面刀（一般用铁片或钢片制成，呈瓦片形），从上往下，一刀一刀地向前推削，削成宽厚相等的三棱形面条。面条入锅煮熟捞出，再加调味料即可食用。

刀削面的操作要领如下。

（1）刀口与面团持平，削出返回时不能抬得过高。

（2）后一刀要在前一刀的刀口上端削出，即削在前一刀的刀口上，逐刀上削。

（3）削成的条要呈三棱形，宽厚一致，以长一点为佳。

（四）拨

拨是用筷子将稀糊面团拨出两头尖中间粗的条的方法。拨出后一般直接下锅煮熟，这是一种需借助加热成熟才能最后成形的特殊技法。因拨出的面条肚圆两头尖，入锅似小鱼入水，故称拨鱼面，又称拨拉剔尖。这是一种别具风味的面条。

拨

拨面时，面要和得软，500 克面粉掺水 300 克略多点（冬温、夏凉、春秋微温）。和好后再蘸水揣匀，至面光后，用净布盖上饧约半小时。饧好后放入凹形盘中，蘸水拍光，把盘对准开水煮锅稍倾斜，用一根一头削成三棱尖形的筷子顺着盘边由上而下拨下快流出的面，使之成为两头尖、10 厘米长、鱼肚形条，拨到锅内煮熟，盛出加上调料即成，也可煮熟后炒着吃。

三、叠、摊、擀、按

这一类成形技法主要用于饼类制品，如果配合其他方法也能做出花色形态，特别是叠的成形法花色更多。

（一）叠

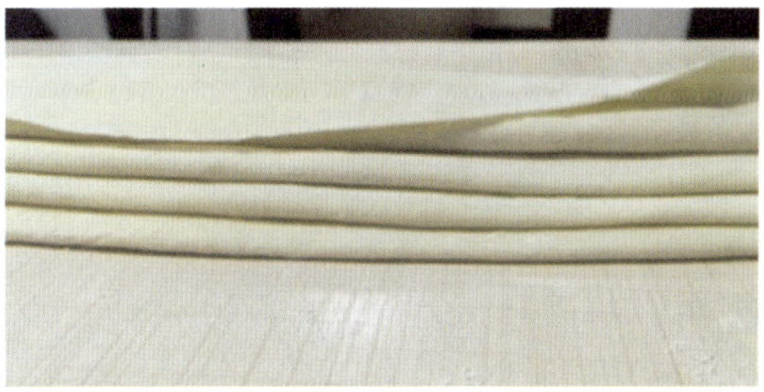
叠

叠常与折连用，是将经过擀制的坯料经折、叠手法制成半成品的一种方法。叠法花样较多，方法也不同，有对折而成的，也有反复多次叠折而成的，并且最后成形时还需与卷、切、擀、捏等法配合运用。但不论哪种折叠形式都要求手法灵活，折叠时收回要整齐。在操作时要求每次折叠层次清晰、平整，根据点心的特点达到成品要求。

（二）摊

摊就是将较稀软或糊状的主坯放入经加热的铁锅内，由锅把热量传给坯料，经旋转，使坯料形成圆形成品或半成品的方法。由于品种制作要求不同，摊又可分为熟制成形法和半成品成形法两种。

摊煎饼

煎饼采用的是熟制成形法。绿豆面和小米面掺和，加水，调制成糊。平锅架火烧热，用舀子舀一些糨糊放入锅内，迅速用刮子把糨糊刮薄、刮圆、刮匀，使其均匀受热，摊圆、摊匀后也就成熟了，揭下来即为成品。

（三）擀

擀

擀是运用各种擀面杖工具将坯料制成不同形态的一种工艺手法。擀因涉及面广、品种内容多，是点心制作的基础性技术。擀具有坯皮成形与品种成形双重作用，很多点心成形前的坯料制作都离不开擀。但是直接用作成品或半成品的成形的擀并不很多，常需与包、捏、卷等其他技法并用，可使品种形态变化无穷。擀所用的工具多样，如双手杖、大面杖、小面杖、走槌、鸭蛋槌等，使用的方法与技巧大不相同。因此擀的技术性强，需长期刻苦练习才能熟能生巧，真正掌握使用各种工具的方法和技术。擀制技术要求做到：工具使用得心应手，操作时用力均匀、手法灵活，制成的坯皮规格整齐划一。

（四）按

按是用手掌或手指，按压坯形的方法，也常作为辅助手法用，配合包、印模等成形工艺。按基本上有两种方法：一种是用手掌跟按，要求按实、按扁、按平；另一种是用手指按，主要是用食指、中指和无名指，三指并排均匀按压成饼。

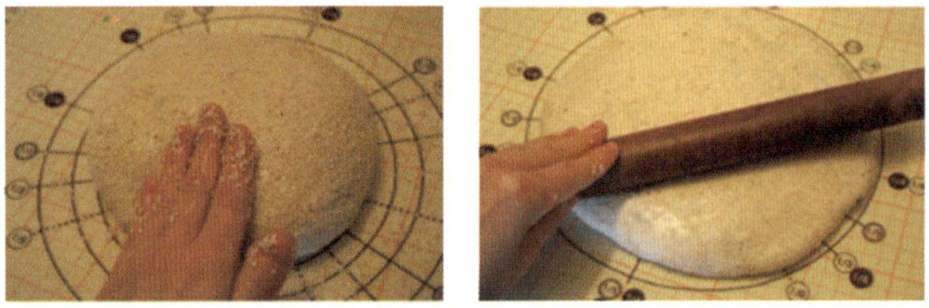

按

按的方法并不复杂，但手头要有功夫，操作时须用力均匀、轻重适度。包馅品种更应注重馅心的按压，防止挤压破肚。

四、模具、工具成形技法

这一类成形技法主要利用各种模具及工具成形，如包类、糕类、元宵等制品的成形，以及装饰成形，如枣糕、百果年糕、夹糕、八宝饭等制品的成形。

（一）模具成形法

模具是将生熟坯料注入、筛入或按入各种模具中，利用模具而成形的一种方法。其优点是使用方便，规格一致，能保证成品形态质量，便于批量生产，如梅花糕、月饼、苏式方糕、双色印糕、水晶橘盏等。常用的模具花纹图案有鸡心、桃形、梅花、蝴蝶等各种花鸟鱼虫形态，各种字形图案，如“喜”“寿”“福”“禄”等，还有各种纹饰的花卉图案。

根据各个品种的成形的不同要求，模具的种类大致可分为四类：印模、套模、盒模、内模。

1. 印模

印模是将成品的形态刻在木板上，然后将坯料放入印板模内，使之形成与图形一致的

印模

成品。这种印模的形状很多，印板图案非常丰富，如月饼模、松糕模等各种糕模。成形时一般与包连用，并配合按的手法。

2. 套模

它是用铜皮或不锈钢皮制成各种平面图形的套筒，成形时用套筒将擀成平整坯皮的坯料一一套刻出来，形成规格一致、形态相同的半成品，如花生酥、小花饼干等。成形时常与擀连用。

3. 盒模

它是用铁皮或铜皮经压制而成的凹形模具，其容器形状、规格、花式很多，主要有长方形、圆形、梅花形、菊花形等。成形时将成品或坯料放入模具中，熟制后便可形成规格一致、形态美观的成品。常与套模搭配使用，也有同挤注连用的。制成的品种有花盏蛋糕、方面包等。

4. 内模

它是支撑成品、半成品外形的模具，规格、式样可随意创造。如冰激凌筒内模等。

上述几种模具应按制品要求选择。

套模

盒模

内模

（二）滚沾

滚沾

滚沾是将馅心加工成球形或小方块后，通过着水增加黏性，在粉料中滚动，使表面沾上多层粉料而成形的方法。现以摇元宵为例，先把馅料切成小方块形，洒上些水润湿，放入装有糯米粉的簸箕中，用双手抓住簸箕均匀摇晃，馅心即可在干粉中滚动沾上一层干粉。拣出再洒些水，再放入粉中滚动，会再沾一层，如此反复多次（一般七次）滚沾制成球形元宵。摇元宵的制作要领是：馅心必须干韧有黏性，并切成大小相同的方块，洒水才能沾住干粉，滚沾后规格一致。过去都是人工手摇元宵，劳动强度大，目前普遍改用机器摇元宵，产量高，质量也较好。

滚沾法现在也普遍用于沾芝麻、沾椰丝等的操作，如麻团、椰丝团等常用此方法制作。

（三）钳花

钳花是运用小工具整塑成品或半成品的方法，依靠钳花工具形状的变化，可制成多种形态。钳花常与包等配合使用，使制品更加美观。使用的工具一般为花钳，有锯齿形、锯齿弧形、直边弧形等。通过花钳的钳可使成品或半成品表面形成美观的花纹。从广义上讲，这些小工具成形也属于模具成形。而从操作技术上讲属于夹制成形的范围。钳花成形的制品有钳花包、船点花、荷花包、核桃酥等。

（四）挤注

挤注是指将糊状或糕体原料装入带有花嘴的布袋内，通过挤压而注入在成熟工具上的一种成形方法，多用于气鼓类、蛋白类和饼干类。

钳花

挤注

任务二　熟悉常用馅料

（制馅工艺要求及作用）

馅，又称馅料、馅心，一般指动植物原料经细碎加工，以调味料拌制或经熟制而成的包入面坯中的心料，是多数面食制品的重要组成部分，在食品行业里习惯将制馅的成品称为馅心。馅心在面点工艺中具有体现面点口味、影响面点形态、形成面点特色和使面点花色品种多样化的特点。面点的馅心品种繁多，类别复杂，按其口味划分，一般将其分为甜馅、咸馅、咸甜馅三类。

此处所指馅心还包括使用动植物原料经过精细加工、调味拌制或烹调熟制而成的形态多样、口味丰美、覆盖于面食表面，决定面食口味的面臊。制馅工艺是指以各种禽、畜、海产、果蔬及其制品为原料，根据面坯特性，适当掺入各类调味品，经过生拌或熟烹，使原料呈现鲜美味道的过程。

面点的馅心由于用料广泛，制法多样，调味多变，种类繁多，分类方法多样。

（一）按馅心口味划分

按馅心口味可分为甜馅、咸馅、甜咸馅。其中，甜馅是各种甜味馅心的总称，一般选用白糖、红糖、冰糖等为主料，再加进各种蜜饯、果料及含淀粉较重的原料通过一定的加工程序而制成的馅料。根据用料及制法的不同，甜馅又可分为糖馅、果仁蜜饯馅、泥茸馅、膏酱馅四大类。咸馅泛指各种以咸味为主的馅心的总称，如咸鲜味、家常味、椒盐味馅心等。咸馅的用料极为广泛，根据所用原料的不同，咸馅一般分为生素馅、熟素馅、生荤馅、熟荤馅。

（二）按制作方法划分

从制法上看，馅心可分为生馅、熟馅和生熟混合馅。生馅是将原料经刀工处理后，直接调味拌制而成。熟馅则是原料在刀工处理后，还需经过烹调的过程（或某些熟肉馅，将酱、卤、烤制的熟料加工成馅料）。生熟混合馅多指荤素混合的菜肉馅，如某些耐熟且水分含量较多的萝卜、白菜、豆角等原料就需焯熟后经刀工处理再与生肉馅拌和，或在熟肉馅中掺入一些味浓且叶片细薄不宜焯水的生菜，如韭菜、香菜等。

（三）按原料分类

从原料分类上看，馅心可分为荤馅、素馅两大类，也可相互掺和使用，有荤有素。

（四）按用途划分

按馅料用途分，馅心可分为馅心和面臊（打卤、浇头）两大类。馅心一般呈固态或软膏状，大多处于面坯的内部。而面臊多为液态或半流体状（或呈“泥石流”状），大多覆盖于面坯制品的表面或面坯制品浸泡于其中，人们习惯称之为面臊、打卤或浇头。

具体而言，馅心的分类归纳见表 4-1。

表 4-1 馅心的分类

制馅工艺	馅心	甜馅	糖馅	湘式水晶馅
			果仁蜜饯馅	五仁馅
			泥茸馅	豆沙馅
			膏酱馅	奶黄馅
		咸馅	生素馅	萝卜丝馅
			熟素馅	素什锦馅
			生荤馅	牛肉馅
			熟荤馅	湘式叉烧馅
	面臊	汤面臊	海味面臊	
		卤汁面臊	炸酱面臊	
		干熵面臊	酸辣面臊	

任务三　掌握馅料调制工艺

（知识拓展）

实训 1　甜馅的制作

本次任务的工作是熟悉甜馅的基本构成与作用；掌握四大类馅心的制作工艺、制作方法和技术要领；掌握典型的甜馅心的制作技术；掌握湘式水晶馅、五仁馅、豆沙馅、奶黄馅的制作技术。

一、湘式水晶馅

（一）原料配方

湘式水晶馅原料配方（表）

原料名称	规格要求	用量（克）
白糖	绵白糖	500
猪板油	色泽洁白	250
熟面粉	熟制，颜色微微泛黄	50
猪油	新鲜炼制的猪油	50
糖桂花	桂花香味浓郁	25
白酒	53° 白酒	15

（二）工艺流程

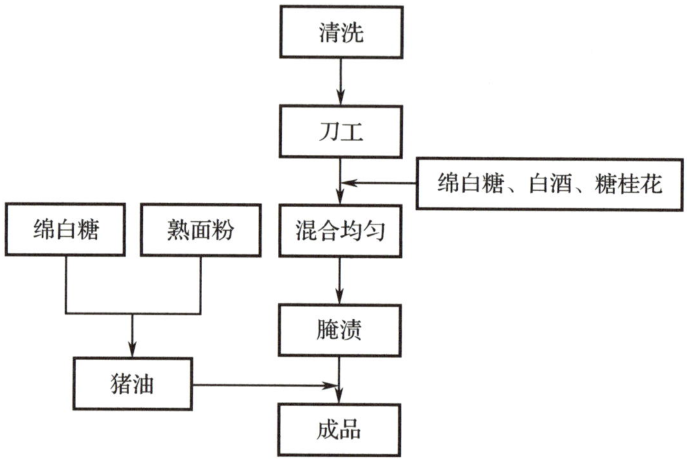

（三）操作步骤

（1）将猪板油撕去油皮，洗净，晾干水分，切成 0.5 厘米见方的小丁，放入干燥盛器中，加入绵白糖 250 克、白酒、糖桂花拌匀，腌渍 3 天左右（冬季稍长，夏季稍短），成糖渍板油丁。

（2）另将 250 克绵白糖与熟面粉拌匀，加入猪油制成团子，再加入糖渍板油丁拌匀即成水晶馅。

（四）操作关键

（1）挑选的猪板油一定要新鲜、白嫩；最好使用绵白糖，甜味更佳。

（2）猪板油必须撕去薄膜和带血部分，切的丁不宜太大，腌渍的时间不宜过短，在水晶馅中加入少量熟面粉拌和均匀，制成的成品一般不易流糖、流油。

（3）水晶馅包入馅量不宜太大，否则会导致成品油分太大，产生油腻口感。

二、五仁馅

（一）原料配方

五仁馅原料配方（表）

原料名称	规格要求	用量（克）
白糖	外观干燥松散、洁白、有光泽	1000
巴旦木仁（五仁之一）	色泽浅黄，新鲜、无哈喇味	200
松仁（五仁之一）	果肉洁白，新鲜、无哈喇味	200
榛子仁（五仁之一）	色泽黄白，新鲜、无哈喇味	200
瓜子仁（五仁之一）	果肉洁白，新鲜、无哈喇味	200
腰果仁（五仁之一）	色泽黄白，新鲜、无哈喇味	200
糖板油丁	色泽洁白	250
桂花酱	桂花香味浓郁	50
熟面粉	熟制后过筛，无颗粒	50
植物油	无气味的植物油	50
邵阳大曲	清香味儿浓郁	25
橘饼	橘子味浓郁	100

（二）工艺流程

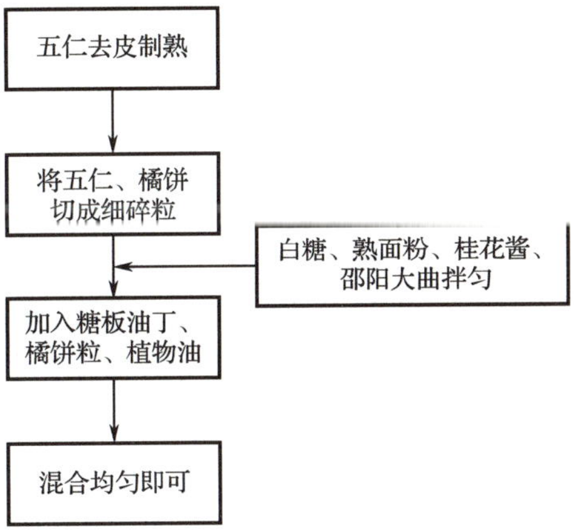

（三）操作步骤

（1）将五仁制熟，晾凉备用。

（2）将橘饼、五仁切成细碎粒。

（3）将白糖、熟面粉、桂花酱、邵阳大曲充分混合均匀，然后加入碎五仁中拌匀。

（4）在混合均匀的五仁馅中加入糖板油丁拌匀，最后加入植物油拌至馅心软硬适度即成。

（四）操作关键

（1）挑选的五仁一定要新鲜、无哈喇味、无异味、香味浓郁。

（2）猪板油必须撕去薄膜和带血部分，切的丁不宜太大，腌渍的时间不宜过短，在五仁馅中加入少量熟面粉拌和均匀，制成的成品一般不易流糖、流油。

（3）包入五仁馅量要适中，不宜太大，否则会导致成品油分太大，产生油腻口感。

三、豆沙馅

（一）原料配方

豆沙馅原料配方（表）

原料名称	规格要求	用量（克）
赤豆	色泽红亮、外形饱满	250
红糖	呈晶粒状或粉末状，干燥而松散	100
白糖	外观干燥松散、洁白、有光泽	100
猪油	新鲜炼制的猪油	60
植物油	无异味	60

（二）工艺流程

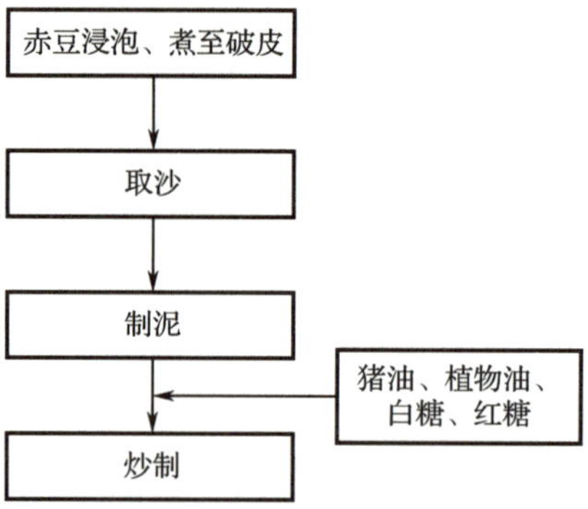

（三）操作步骤

（1）将赤豆洗净，浸泡1小时左右，放入锅内加冷水（以淹没豆面约10厘米为宜），用旺火煮开，至赤豆破皮，再改用中小火焖煮约2小时，煮到用手可捏烂即起锅，然后晾凉。

（2）将煮好的赤豆放入不锈钢筛中加水搓擦去皮取沙，装入布袋沥干水分成豆蓉。取沙时要边加水边搓擦，可以提高出沙率。

（3）制泥、蓉的方法一般有三种：第一，用绞肉机搅制泥、蓉，特点是时间短、速度快，但是馅料比较粗糙，果皮、豆皮仍在其中。第二，用筛子擦制而成，速度慢，但馅料细腻、柔软，果皮、豆皮与泥、蓉分离。第三，对于根茎类原料，采用刀抿制的方法。

（4）将锅烧热，放入部分植物油，倒入豆蓉，用中小火不停翻炒。炒的过程中分多次加油，炒至豆蓉吐油翻沙、水分基本收干、稠厚而不粘锅，加入红糖、白糖继续炒糖熔化，至颜色呈红黑色。

（四）操作关键

（1）选料时，首先要注意选择无霉变、无生虫、外形饱满的赤豆，其次要注意选择淀粉含量高的赤豆，有助于提高出沙率。

（2）将赤豆的外皮去除干净，豆皮和果皮的主要成分是纤维性的物质，若混入豆沙蓉中会导致口感不够细腻。

（3）把控好油的用量，不宜放太多，否则过于油腻，影响口感。

四、奶黄馅

（一）原料配方

奶黄馅原料配方（表）

原料名称	规格要求	用量（克）
鸡蛋	新鲜、表面无杂物	100
鲜奶	新鲜纯牛奶	100
白糖	外观干燥松散、洁白、有光泽	200
黄油	动物黄油	50
淀粉	外观干燥松散、洁白	25
粟粉	白色粉末	25
吉士粉	淡黄色粉末奶香味浓郁	30

（二）工艺流程

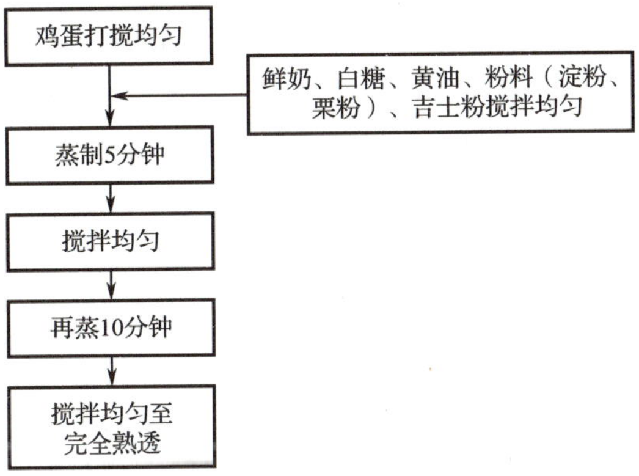

（三）操作步骤

（1）将鸡蛋打入不锈钢馅盆内打搅均匀，加入鲜奶、白糖、黄油、粉料（淀粉、粟粉）、吉士粉继续搅拌至均匀。

（2）将馅盆放入大蒸笼内，先蒸 5 分钟，去盖，用木棒搅拌均匀，再蒸 10 分钟，再搅拌均匀，如此边蒸边搅拌，直至完全熟透呈稠糊热料，约 1 小时可出笼，稍凉。

（3）将已熟的馅料放入搅拌机内打搅成软滑光洁的奶黄馅（或用手擦匀）。

（四）操作关键

（1）选料时，鸡蛋要选择最新鲜的。

（2）在蒸奶黄馅时要定时搅拌，至完全成熟。

（3）熟制的奶黄馅晾凉之后要放入搅拌机中搅打至光滑，口感更佳。

实训 2　咸馅的制作

（知识拓展）

本次任务的工作是熟悉咸馅的基本构成与作用；掌握四大馅心的制作工艺、制作方法和技术要领；掌握典型的咸馅心的制作技术；掌握萝卜丝馅、素什锦馅、牛肉馅、湘式叉烧馅的制作技术。

一、萝卜丝馅

（一）原料配方

萝卜丝原料馅配方（表）

原料名称	规格要求	用量（克）
萝卜	色泽洁白、无糠心	200
葱花	小香葱	25
姜末	新鲜老姜	10
盐	颜色洁白，无结块	10
白糖	外观干燥松散、洁白、有光泽	20
猪油	新鲜炼制的猪油	100
芝麻油	纯芝麻油	25
火腿	三年陈火腿	30
味精	色洁白有光泽、颗粒均匀	2

（二）工艺流程

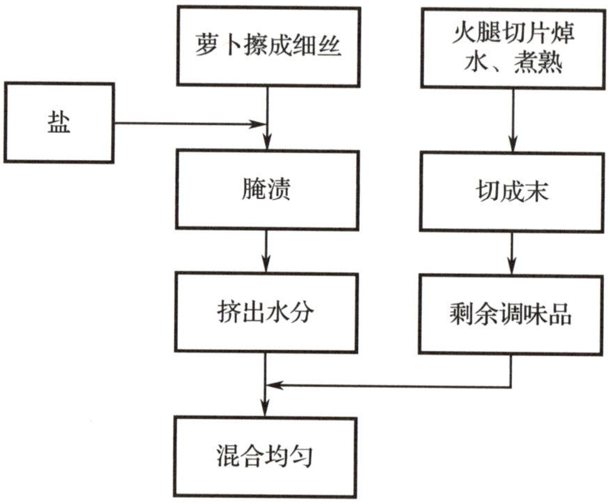

（三）操作步骤

（1）将萝卜去皮擦成细丝，用盐稍腌一会儿，挤去多余的水分。

（2）将火腿切片焯水，煮熟，切成细末备用。

（3）在萝卜丝中加入配料拌和均匀即成。

（四）操作关键

（1）火腿选用三年的陈火腿，香味更浓郁，但火腿盐分比较多，所以食用前需要先焯水，否则会过咸。

（2）板油必须是新鲜炼制的，无哈喇味。

（3）选用新鲜应季、水分足、无糠心的萝卜。

二、素什锦馅

（一）原料配方

素什锦馅原料配方（表）

原料名称	规格要求	用量（克）
青菜	新鲜、嫩、无虫眼	200
黄花菜	干制黄花菜	20
笋尖	干制笋尖	30
冬菇	冬菇香味浓郁、菌肉肥厚	20
色拉油	无特殊气味	30
酱油	酱香味浓厚，无沉淀物	5
盐	颜色洁白，无结块	5
味精	色洁白有光泽、颗粒均匀	0.5
白糖	外观干燥松散、洁白、有光泽	5
姜末	新鲜老姜	2
芝麻油	纯芝麻油	5

（二）工艺流程

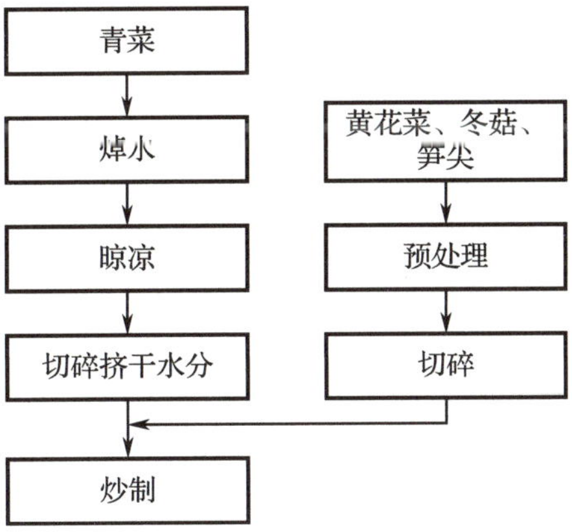

（三）操作步骤

（1）将青菜择洗干净，放入沸水中加一点盐焯水，捞出用冷水浸凉，然后剁成碎末，挤干水分，放入盆内。

（2）黄花菜、冬菇用温水浸泡，笋尖用沸水焖煮，涨发至软，切成细末。

（3）炒锅中放入色拉油烧热，加黄花菜、冬菇、笋尖煸炒，再加酱油、盐、白糖、姜末翻炒入味，出锅冷透后，放入青菜盆内，加上味精、芝麻油调拌均匀即成。

（四）操作关键

（1）青菜焯水时适当加一点盐，焯完水后放入凉水中，漂净凉透，可以保持青菜的翠绿色。

（2）炒好的馅料要完全冷却后才能加入青菜中，否则余温会使青菜加热变色，影响其色泽和馅心口感。

（3）黄花菜选用干制黄花菜，因为新鲜黄花菜有毒，不易处理，且干制黄花菜要用水泡透方可食用。

（4）素馅炒制时成熟即可，炒制时间不宜过长。

三、牛肉馅

（一）原料配方

牛肉馅原料配方（表）

原料名称	规格要求	用量（克）
牛肉	新鲜、无筋	500
葱花	小香葱	20
姜末	新鲜老姜	10
盐	颜色洁白，无结块	10
酱油	酱香味浓厚，无沉淀物	50
芝麻油	纯芝麻油	50
骨头汤	大骨汤	250
味精	色洁白有光泽、颗粒均匀	5

（二）工艺流程

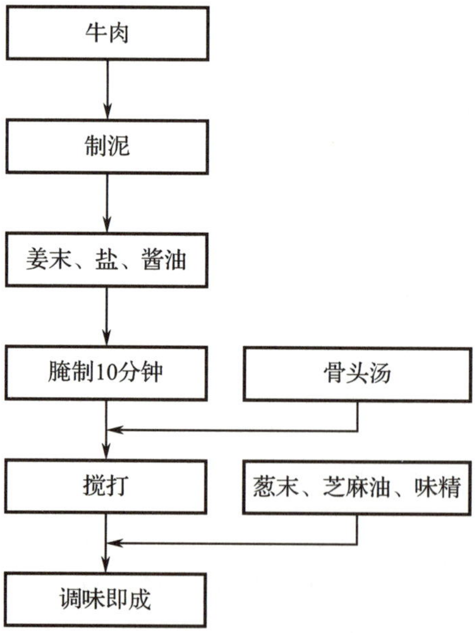

（三）操作步骤

（1）将牛肉洗净制成泥状，倒入盆内，加姜末、盐、酱油搅拌，腌制 10 分钟。

（2）加入骨头汤（肉馅以打上劲不吐水为准，可以掺冻，掺冻的比例根据制品的要求而定）搅打上劲后放入葱末、芝麻油、味精，拌匀即成。

（四）操作关键

（1）在做牛肉馅时可以适当加入皮冻，皮冻可以使馅料稠厚，便于包捏。

（2）加骨头汤时要少量多次，顺一个方向使劲搅打，防止吐水。

四、湘式叉烧馅

（一）原料配方

湘式叉烧馅原料配方（表）

原料名称	规格要求	用量（克）
叉烧肉	色泽红亮，肥瘦相间	500
盐	颜色洁白，无结块	3
面粉	熟面粉	15
粟粉	白色粉末	20
洋葱	新鲜洋葱、外形完整	20
猪油	新鲜炼制的猪油	50
酱油	酱香味浓厚，无沉淀物	50
白糖	外观干燥松散、洁白、有光泽	50
清水	纯净水	200

（二）工艺流程

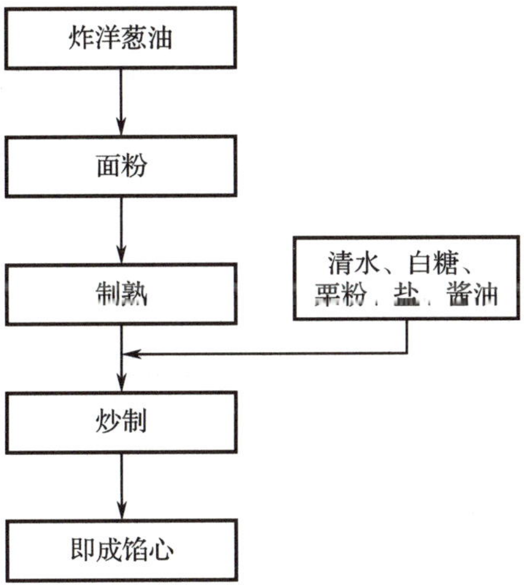

（三）操作步骤

（1）先洋葱切片，再将猪油放入锅中烧热，投入洋葱片炸出香味，取出洋葱，成为洋葱油。

（2）将面粉倒入锅内搅匀，炒至呈微黄色，加入清水、白糖、粟粉、盐、酱油等原料，炒至锅内成糊状且冒大泡时起锅，待冷却后成叉烧馅面芡。

（3）将面芡加入叉烧肉中拌和均匀即成叉烧馅。

（四）操作关键

熟荤馅的原料形状一般不宜太大，常见的形状有丁、粒、末等形状，主配料大小应一致。叉烧馅中的叉烧肉一般切成指甲片状。

实训 3　面臊的制作

（知识拓展）

面臊俗称臊子、浇头、卤，是指在食用面条或米粉时所添加的馅料，是形成面条和米粉的最重要的调味部分，也是面条与米粉风味的主要基础。

由于面条和米粉是中国人的主要食物之一，因此面臊的种类很多，各地的称谓也不尽相同，制作的方法更是多种多样。根据制作的工艺和成品的特性，湖南一般将面臊分为三类：海味面臊、炸酱面臊和酸辣面臊。

一、海味面臊

（一）原料配方

海味面臊原料配方（表）

原料名称	规格要求	用量（克）
水发墨鱼	肉质肥厚，不生硬	500
水发海参	肉质肥厚，不生硬	300
猪肉	肥瘦相间	300
水发玉兰片	个小、玉白色或奶白色	200
金钩	体形弯曲、口味偏淡	30
猪油	新鲜炼制的猪油	50
胡椒粉	白胡椒	2
盐	颜色洁白，无结块	12
味精	色洁白有光泽、颗粒均匀	3
料酒	酿造料酒	20
骨头汤	大骨汤	适量

（二）工艺流程

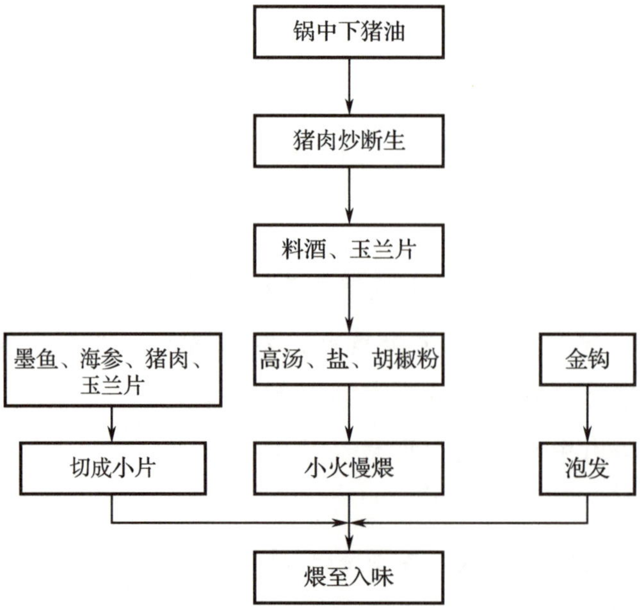

（三）操作步骤

（1）将墨鱼、海参、猪肉、玉兰片分别切成1.5厘米见方、1.2厘米厚的小片。

（2）金钩用热水泡发后切成颗粒。

（3）炒锅置旺火上用猪油将肉炒断生，加料酒、玉兰片继续炒几下，掺入高汤，加盐、胡椒粉烧沸，改用小火煨，最后放入墨鱼、海参、金钩煨至入味，加入味精即成面臊。

（四）操作关键

（1）制作海味面臊时最好选用猪油，可使炒出的面臊更鲜香。

（2）制汤时要用小火慢煨，使熬出的汤香味更加浓郁。

二、炸酱面臊

（一）原料配方

炸酱面臊原料配方（表）

原料名称	规格要求	用量（克）
猪肉	肥瘦相间	200
盐	颜色洁白，无结块	5
料酒	酿造料酒	20
甜面酱	酱香味浓郁	50
酱油	酱香味浓厚，无沉淀物	10
味精	色洁白有光泽，颗粒均匀	2
香油	纯芝麻油	50

（二）工艺流程

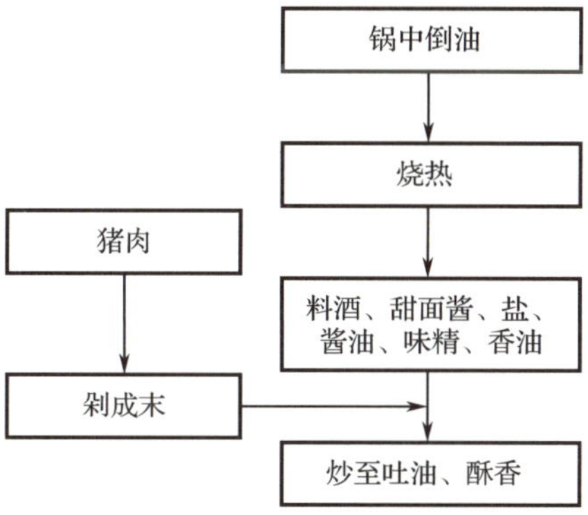

（三）操作步骤

（1）将猪肉剁成肉末，锅置中火上，下猪油烧热。

（2）锅中下肉末炒散，加料酒、甜面酱、盐、酱油、味精、香油，炒至肉末吐油、酥香即成。

（四）操作关键

（1）合理选料，刀工处理适当。炸酱面臊的猪肉宜选择肥三瘦七的肉，不宜太肥或太瘦。刀工处理时肉末不宜过细或过粗，肉粒太细，在炒制时易使肉末过干过焦，影响面臊口感；

肉粒太粗则不易炒制酥香。

（2）火力火候适当。面臊宜用中小火慢慢煸炒，使肉末中水分基本炒干，至面臊开始吐油以达到酥香。若炒制面臊时火力过大，很容易使面臊肉末出现外焦里软，达不到成品要求。

三、酸辣面臊

（一）原料配方

酸辣面臊原料配方（表）

原料名称	规格要求	用量（克）
猪肉	肥瘦相间	500
料酒	酿造料酒	20
醋	香味浓郁	10
盐	颜色洁白，无结块	5
酱油	酱香味浓厚，无沉淀物	50
辣椒油	选用干辣椒粉	50
味精	色洁白有光泽，颗粒均匀	2

（二）工艺流程

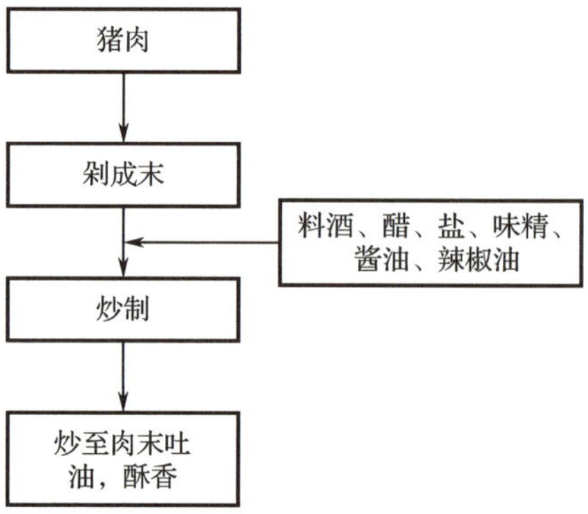

（三）操作步骤

（1）将猪肉剁成肉末，锅置中火上，下猪油烧热。

（2）锅中下肉末炒散，加料酒、醋、盐、味精、酱油和辣椒油炒至肉末吐油、酥香即成。

（四）操作关键

（1）合理选料，刀工处理适当。担担面臊的猪肉宜选择肥三瘦七的肉，不宜太肥或太瘦。刀工处理时肉末不宜过细或过粗，肉粒太细，在炒制时易使肉末过干过焦，影响面臊口感；肉粒太粗则不易炒制酥香。

（2）火力火候适当。干末面臊宜用中小火慢慢煸炒，使肉末中水分基本炒干，至面臊开始吐油以达到酥香。若面臊炒制时火力过猛，很容易使面臊肉末出现外焦里软，达不到成品要求。

任务四　掌握面点熟制工艺

（知识拓展）

面点熟制是指将成形的面点生坯（半成品），运用各种加热方法，使其成为色、香、味、形、质俱佳的熟食品的过程。面点熟制是通过一定的加热方法来完成的，这个由生变熟的加热过程称为面点的成熟工艺。面点熟制的方法多种多样，不同口感、质感的品种采用的成熟方法不尽相同。面点常用的成熟方法大致分为单加热、复加热和微波加热三种。其中：单加热是指面点生坯由生变熟只用一种加热方法来完成的熟制工艺，常见的方法有蒸、煮、炸、煎、烤、烙等；复加热是指采用两种或两种以上的单加热方法使制品达到成熟的方法；微波加热是指生坯吸收微波，产生大量热能使制品很快成熟的方法。

一、面点熟制的作用

面点生坯通过加热可使其变成可食性食品，如不经过加热成熟这个阶段，制品就无法食用。由于制品成熟过程控制的好坏，对成品色、香、味、形、质等方面的优势影响很大，因而成熟阶段在面点制作中具有举足轻重的作用。

（一）改善面点色泽，突出成品形态

面点品种的色泽和形态是评价制品质量的重要标准，已成为人们评价其好坏的首要条件。面点的成熟方法掌握恰当，不仅可以体现面点制品的原有质量，还能够进一步起到改善成品的色泽，突出制品形态，增加香味，提高滋味的作用，使制品的可视度和可食性同时增加，提高产品质量。

（二）形成面点质感，提高制品营养价值

面点生坯通过加热成熟，会使品种形成各种质感，突出制品的风味特色。制品采用不同的成熟方法，会形成软、糯、酥、脆、爽、滑、松、泡、嫩等多种不同的质感，形成风格各异的面点品种，可丰富面点的花色品种，满足人们对美食的追求。熟制不但能使制品由生变熟，成为人们容易消化、吸收的食品，而且还能大大提高制品的营养价值。

（三）保证面点质量，提供可食性

任何面点品种，都通过成熟来体现和确定制品的色泽、形态和口味，使面点品种达到趋于完美的境界，保证品种的质量，提供可食性。因此，面点品种的最终质量与熟制过程关系紧密，能够体现面团调制、制皮、上馅、成形等工艺过程所形成的质量特色。面点制品的质量主要从色泽、口味、形态、质地等方面来检验，因此，成熟应做到认真细致、火候把握恰如其分，制品色泽美观、体态完整。

（四）增加面点香味，改善滋味

大多数面点品种只有成熟后才能体现出最好香味和最美滋味。因为原材料的风味物质主要通过生物合成、酶促反应、氧化作用和热分解作用四条途径形成。成熟使原料的物质产生变化，散发出诱人的香味，如蒸制品的面香、炸制品的酥香、烤制品的松酥、香酥的风味等。同样，包馅点心只有通过熟制才能产生鲜美的香味，并赋予浓厚的汤汁，改善制品的滋味。

二、面点熟制的质量标准

面点品种经过熟制后，要求达到一定的质量标准，才能满足人们的需求。面点的制作技法很多，品种丰富多彩，风格各异，所要达到的质量标准各有不同，但总的来看，主要包括色、形、味、质四个方面。其色与形两个方面是对面点制品外观而言，通过人们的视觉来体现；味与质两个方面则是对面点制品内部质量而言，通过人们的口感来体现。除此之外，面点制品的重量，也是检验制品的标准之一。

（一）外观

面点制品的外观表现在品种的色泽和形态两个方面，其中：色泽是指成品的表面颜色和光泽度，无论何种面点制品，都应达到规定要求才能体现其价值，如发酵制品，颜色应洁白、表面光滑，煮制品要求色泽自然匀称，煎、炸制品一般要求达到色泽金黄，油润光亮；形态是指制品外形的形状，面点制品的形态一般要求饱满、规格一致、大小均匀、花纹清晰、收口整齐、无露馅伤皮、斜歪塌瘫等现象，细腻精美。

（二）内质

面点制品的内质包括口味和质地两方面，其中：口味是指成品在口腔中所感觉出的味道，一般要求香味纯正、咸甜适口、滋味鲜美，品种的口味不能出现过酸、过苦、过咸、哈喇等怪味和其他不良味道；质地是指成品的内部的结构组织，一般要求组织结构细腻、松泡软绵、酥脆爽滑等，不能有夹生、粘牙及污染物出现等现象。除此之外，品种包馅心与不包馅心的要求也不相同，包馅心的品种要求馅心置于成品正中间，制品皮坯上下左右厚薄均匀；不包馅心的品种要求内部组织结构细腻均匀，孔眼大小一致。

（三）重量

面点制品的重量是指面点制品成熟后的分量。成品的重量主要取决于面点制品生坯的重量，但有些品种在熟制过程中其重量也会受到一定的影响，发生失重或超重现象。例如，烤烙制品在熟制过程中会有水分挥发的现象，熟品分量轻于生坯分量，而大部分煮制品在熟制过程中会吸水，出现超重现象，熟品重量高于生坯重量。因此，在对容易失重或超重的制品熟制时，应该掌握好火候和加热时间，避免失重或超重过多，影响成品的质量。

三、熟制的热量传递方式

面点制品由生变熟的熟制过程主要是由热量的传递来完成的，其热量传递的方式主要有三种：传导、对流和辐射。

（一）传导

传导是指热量从温度较高的部分传到温度较低的部分，或是从温度较高的物体传递到温度较低的物体，直到热能达到平衡为止的过程，其主要依靠物质分子、原子及自由电子等微观粒子的热运动来进行热量的传递。传导可以在固体、液体及气体中发生。传导在面点制品熟制过程中常有两种传递方式：一种是热量通过锅、油、水、烤盘等传递，如煎、炸、烤、烙等制品的熟制；另一种是热量传递到制品表面后由一个质点向另一个质点传递，直到面点制品的内部，从而达到成熟的目的，如煮制品和蒸制品等。

（二）对流

对流是指流体各部分之间发生相对位移时所引起的热量传递的过程。对流仅发生在流体中，包括液体和气体在加热过程中发生热膨胀而产生的热运动，并将热量由一处传递到另一处的现象。在面点制品熟制的几种常见方法中，蒸、煮、炸、烤等都有对流传热的形式。蒸制品是以水蒸气传热，煮制品是以水作为传热介质，炸制品是以油脂作为传热介质，烤制品是以空气和蒸汽的混合气体为传热介质。

（三）辐射

辐射是指物体以电磁波方式向外传递能量的过程，被传递的能量称为辐射能，通常辐射这个术语用来表示辐射能本身。由热的原因产生的电磁辐射称为热辐射。任何物体在任何温度下都能进行热辐射，差别只是辐射能量的大小不同而已。在面点熟制中应用较多的热辐射方式为明火烧烤、远红外线加热和微波加热三种。

四、面点熟制过程中热能传递的介质

面点熟制过程中热能传递的介质主要有以下几种。

（一）以水为传热介质传热

在面点熟制过程中以水为载体传热是应用最广泛的方式之一。用水传热成熟的制品具有充水性和浸出性，如粥、馄饨、水饺、汤圆、面条等，而且制品的口感爽滑柔软，非常受食客的欢迎。利用水来传热成熟的制品，一般选用煮制的方法，其方法有两种。

（1）开水入锅。开水下面点生坯时，制品中的淀粉、蛋白质会很快发生变化，即淀粉发生糊化反应，蛋白质发生变性而凝固，制品内部的营养成分外溢流失较少，从而可保证制品的营养价值，如面条、馄饨、汤圆的煮制等。

（2）冷水入锅。冷水下面点生坯时，制品中的原料会慢慢受热发生变化，即淀粉和蛋白质逐步受温度的影响发生反应，有利于将原料煮至软烂，一般应用于各种豆类原料的煮制，易于取沙，如栗子、赤豆、绿豆的煮制等。

开水入锅面条

冷水入锅绿豆

（二）以油脂为传热介质传热

油脂是传导介质中较重要的一种。面点中很多制品的成熟都选用油脂作为传热介质，如各种煎炸制品。以油脂为介质进行传热时，由于油脂的温度高，制品下锅后骤然受热，造成制品外部干燥收缩凝结成一层硬壳，外酥脆内细嫩，口味达到松、酥、香、嫩等效果。

因为油脂的燃点温度可达到300℃左右，所以用油作为介质传热，可以使制品迅速成熟。但用油成熟制品时，油温最好不要超过250℃，否则易产生有害物质，食后影响人的机体健康。

油脂的渗透力很强，能浸入面点制品的内部，还能使制品的水分达到沸点而汽化，从而使制品变得酥脆爽口，增加制品的风味。

（三）以气体为传热介质传热

气体传热主要有两种方式：水蒸气传热法和热空气传热法。

（1）水蒸气传热法是指利用水温达到沸点后汽化产生水蒸气传递热量使制品达到成熟的方法。用水蒸气加热，其优点是可供给制品适当的水分，保持制品原汁原味，使面点制品柔软、湿润，营养成分损失少，成熟时间短，容易掌握，并降低成本，经济又方便。以这种传热方式加热的熟制方法是蒸。

（2）热空气传热是利用空气对流的原理，对生坯循环加热，以空气为介质传热。以这种传热方式加热的熟制方法为烤，烤的温度较高，温度一般在 100℃～300℃，加热时水分蒸发快，不等水分蒸发完，原料表层就凝结了。以热空气为介质传热的优点是：受热均匀，制品外酥脆内细软，即皮酥脆，馅鲜嫩，色泽金黄美观，并具有烤制品的特殊风味。

（四）以金属为传热介质传热

以金属为传热介质传热是指利用锅底的热量把制品加热成熟，其传热方式是以传导为主，常用的成熟方法是煎、烙，制品如锅盔、烙饼、煎饺等。金属平底锅的传热能力比油和水的传热能力更强，升温的速度快，其火力的大小一般根据制品所需要的成熟方法来控制，并可随时调节，温度一般在 180℃～220℃为宜。

实训 1　蒸制工艺

实训目标：熟悉蒸制成熟方法的特点、适用范围和熟制原理；掌握蒸制成熟法的工艺流程、操作方法与技术要领；熟练掌握蒸制成熟技法，并能根据不同品种的特点选用相应的成熟方法，以达到最佳的质量效果。

蒸制成熟法是面点制作过程中用得比较频繁的加热方法，尤其是在中式面点制作中使用更为广泛。蒸、煮两种成熟方法的温度比较接近，煮制的水温最高为 100℃，蒸制加热蒸汽温度一般不会超过 105℃，因为二者成熟的制品含水量都比较高，制品成熟后颜色变化不明显，口感爽滑、松软，具有馅心鲜嫩的特点。但是它们所使用的传热介质不同，因而适用范围、成品特点、操作方法和要求也存在一定的差异性。

蒸制是指把成形后的面点生坯放在笼屉（蒸盘）内，利用蒸汽作为传热介质，在一定温度的作用下使其达到成熟的一种加热方法。适合蒸制的面团很多，除了油酥面团和矾碱盐面团，其他各种面团都可采用蒸制的方法成熟，尤其是发酵面团、米及米粉类面团，如各种包子、馒头、花卷、蒸饺、米糕等。蒸制是面点制作中使用较为广泛的一种加热方法，也是最普通的一种，其使用方法、使用的工具、传热方式都很简单，容易掌握。下面以馒头为例来了解蒸制的方法及其操作技术要领。

操作实例：德园馒头

（1）原料配方：面粉 500 克、清水 250 克、酵母 6 克、泡打粉 5 克。

（2）操作程序如下。

① 调制面团：面粉、泡打粉混合过筛置案板上，中间挖一面塘，先将酵母和适量的清水放入略搅拌，然后使用抄拌法将粉与水拌和均匀，呈雪片状，反复揉搓至面团光滑细腻，最后盖上湿布，饧置 30 分钟。

② 成形：将饧置好的面团搓成粗细一致的条状，分割成 100 克大小的剂子，反复搓揉至呈半圆球形，放于刷油的蒸笼内即成。

③ 发酵：将成形的生坯放于温度为 30℃左右的环境中饧置发酵，待生坯表面膨胀光亮，质地轻松即可。

④ 成熟：将发酵好的馒头生坯放于火旺水沸的蒸锅上蒸制 25 分钟左右即成熟。

（3）风味特色：色泽洁白，松泡软绵，香味浓郁。

【分析】

从馒头的制作实例分析可知，馒头熟制用的是蒸的方法，因此要准备好蒸锅、蒸笼，蒸笼底部要刷油，蒸笼的密闭性要好，馒头生坯放入蒸笼后略加饧发后开始蒸制，蒸锅内水量适当，水要煮沸，要旺火一次性蒸熟，这样蒸出来的馒头才会洁白、松泡、柔软。

一、蒸制的特点

蒸制成熟是由蒸箱（蒸锅）内的蒸汽温度所决定的，蒸箱（蒸锅）内的温度和湿度与火力大小、气压高低有关，蒸汽的温度一般在 100℃ ~ 120℃，比炸和烤的温度低。蒸制品大多形态饱满，味道纯正，吃口软滑，馅心鲜嫩，适应性强且易消化。其主要特点如下。

① 生坯受热均匀，口味鲜美。蒸制过程中，生坯一直置于密封的蒸具中，靠蒸汽的对流传热使制品达到成熟。由于蒸汽的温度稳定，传热均匀，且具有较高的湿度，制品成熟质量高，不会发生失水、失重和炭化等问题，因而成品口感爽滑，口味鲜美，吃口柔软。

② 形态美观，能保持原料的营养成分。蒸制过程中，被加热的面点生坯基本上不移动，且加热温度稳定，所以制品的形态能得到完美的保护，因此具有精美的形态，但制品加热的时间要控制好，不宜过长，否则制品容易出现下塌的现象。在整个蒸制过程中，生坯发生分解和扩散现象，营养物质不会流失，因而原料的营养成分能够得以保持。

二、蒸制成熟的原理

蒸制成熟主要是利用蒸汽的对流和传导来传递热量，从而使面点制品获取热能的。当生坯上笼后，装入蒸箱（蒸锅）内，笼内的蒸汽温度一般在100℃以上，通过热传导，生坯四周同时受热，使制品表面的水分受热汽化。温度的高低主要取决于火力的大小和气压的高低。

制品生坯受热后，蛋白质与淀粉发生变化，淀粉受热开始膨胀糊化（50℃开始膨胀，60℃～100℃时从开始糊化到全部糊化），淀粉在糊化过程中吸收水分变成黏稠胶体，出笼后温度下降，冷凝形成凝胶体，使成品表面达到光滑；蛋白质受热后发生热变性，开始凝固（50℃～60℃时热凝变性）并排除其中的“结合水”（和蛋白质结合在一起的水），温度越高，变性速度越快，直到蛋白质全部变性凝固，这样制品就成熟了。由于蒸制品多数是生物膨松面团和物理膨松面团，受热后会产生大量的气体，使生坯中的面筋网络形成大量的气泡，形成组织结构多孔且富有弹性的海绵状态，这就是蒸制成熟的原理。

三、蒸制的操作方法

（一）蒸锅加水

蒸锅加水量以六成满为宜，一般以淹过笼底5～7厘米为最佳。若加水量过多，沸腾时容易冲破制品底部，影响蒸制品质量；若加水量过少，蒸汽容易泄漏，且容易烧干，导致制品出现焦煳。

（二）摆笼

（1）蒸格或蒸笼上需要加垫具或抹油，防止生坯出现粘笼。

（2）在摆笼时，需根据品种要求来间隔距离，上下整齐，使生坯在成熟过程中有膨胀余地，摆放过稀、过密都会影响制品的造型和质量。

（3）准确掌握生坯蒸制时机。大多数情况下，各种面点生坯摆屉后即可入笼蒸制，但对于一些发酵面团制品，则需要在成形后静置一段时间，使在成形过程中由于揉搓而紧张的生坯松弛一下，并继续胀发，利于制品成熟后达到最佳的膨胀效果，但要掌握好静置的温度、湿度和时间。

（4）蒸制过程的把握。无论蒸什么品种，必须先把水烧开，待蒸汽充足时，才能放笼入屉。在蒸制过程中准确掌握成熟时间，笼屉盖要盖紧，防止漏气，“一口气蒸熟”；蒸制过程要始终保持一定火力，让笼内有稳定的温度、湿度和气压，产生足够的蒸汽，且蒸制中途不能随意揭开笼盖，避免制品因散气而出现质量问题。

（5）出笼。制品成熟后要及时出笼，制品是否已经成熟，除正确掌握蒸制时间外，还要对制品进行必要检验，以确保成品质量。例如：嗅——成熟的制品可嗅到面香味；看——看到制品体积膨胀，色泽洁白光亮；按——用手按一下制品，所按之处能快速鼓起复原，不粘手，这时说明制品已成熟，需要及时取出，摆放整齐，不可乱压乱挤，对带馅的制品要防止掉底漏汤。

实训 2　煮制工艺

实训目标：熟悉煮制成熟方法的特点、适用范围和熟制原理；掌握煮制成熟法的工艺流程、操作方法与技术要领；熟练掌握煮制成熟技法，并能根据不同品种的特点选用相应的成熟方法，以达到最佳的质量效果。煮制就是将成形的面点生坯投入汤锅中，利用水作为传热介质，通过传导和对流两种传热方式，使制品达到成熟的一种方法。煮制适合很多面点品种的成熟，水调面团、米及米粉类面团、各种羹汤类小吃等，但不能用于发酵面团、油酥面团和矾碱盐面团制品的成熟。

操作实例：湘式酸辣水饺

（1）原料配方。

① 皮坯：面粉 500 克、清水 240 克、盐 2 克。

② 馅心：猪肉（肥三瘦七）300 克、韭菜 200 克（白菜、芹菜、萝卜）。

③ 调味料：料酒 5 克、味精 2 克、胡椒粉 1 克、盐 10 克、酱油 5 克、香油 5 克、醋 4 克、红油辣椒 50 克、白糖 5 克，姜葱蒜各少许，冷鲜汤少许。

（2）操作程序。

① 面团调制：面粉置案板上，中间挖一面塘，加入适量的清水，然后使用抄拌法将粉与水拌和均匀，呈雪片状，再反复揉搓至面团光滑细腻，最后盖上湿布，饧置 5 分钟左右。

② 馅心制作：生姜拍破，葱挽结，加入适量的清水浸泡成姜葱汁水待用；将猪肉用刀背捶茸去筋，再用刀剁细放于盆内，加料酒、味精、胡椒粉、盐、酱油少许，用力搅拌均匀，再加入姜葱汁水，继续搅拌至汁水被肉吸尽，再加入适量的冷鲜汤搅拌，直到各种原料融为一体呈黏稠状，最后加入香油拌匀即成馅心。

③ 制皮：将饧置好的面团搓成圆条，再扯成大小均匀的剂子（约 6 克），并用擀面杖将其擀成直径为 6 厘米、中间略厚、边缘薄的圆皮即成。

④ 包馅成形：取圆皮一张，装上馅心，对叠用力捏成木鱼形状即成生坯。

⑤ 成熟：汤锅加水用旺火烧沸，搅动锅内水使其旋转，再沿锅边下入水饺生坯，并用勺背推动饺坯，以防水饺发生粘连，煮沸后加少量冷水（点水），以免饺皮破裂，待煮至水饺皮起皱、发亮、有弹性即熟。

⑥ 调味碟：酱油、醋、白糖、味精、红油辣椒、蒜泥拌匀即成。

（3）风味特色：皮薄馅多，爽滑有韧性，咸鲜味美。

【分析】

煮制成熟方法应用非常广泛，尤其在面点的制作中使用较频繁。通过对湘式酸辣水饺的学习，可以直接了解煮制的整个过程，煮制成熟方法的技术特点、技术要领等各方面知识就迎刃而解了，其技术关键包括：一是煮制锅内水量的把握；二是煮制的火力和煮制的时间；三是煮制过程要注意点水；四是把握好成熟度。

一、煮制的特点

（1）保持原料的原汁原味，馅心汁多而鲜嫩。煮制品的生坯在成熟过程中可吸收部分传热介质中的水分，使生坯的吸水量基本饱和，这样生坯吸收馅心水分的机会大大减少，馅心基本保持原有的水分和香味，从而使制品成熟后口感细嫩滑爽，汁多而鲜美。

（2）生坯受热均匀、充分，但成熟的时间稍长。制品采用煮制成熟，生坯在加热过程中全部被浸泡在水中，利用水沸腾产生热对流使其受热，制品四周同时受热，表里如一，受热均匀。但由于煮制是靠沸水传热使制品成熟的，标准气压下，沸水最高温度为 100℃，生坯温度升得较慢，是成熟方法中温度最低的一种，因而制品加热成熟的时间稍长。

（3）制品口感爽滑筋道、成品重量增加。煮制品加热时直接与大量水接触，淀粉颗粒在受热的同时，能充分吸水膨胀，发生糊化反应；蛋白质受热发生热变性而凝固。因此煮制的成品大都较结实、筋道、有嚼劲。由于成熟过程吸水，因此制品熟后重量会增加。

（4）不会对成品表面产生着色作用，基本能保持本色。煮制的整个过程都是在汤锅中完成的，因为沸水的最高温度不会超过 100℃，而且生坯在加热的过程中浸泡在水中，制品表面有水的滋润保护，所以制品成熟后可基本保持原料原有色泽。

二、煮制的成熟原理

煮制主要是以水为传热介质，利用传导和对流两种传热方式使面点生坯成熟，而水的沸点较低，在正常气压下，沸水温度为 100℃，是各种成熟方法中温度最低的一种。因为水的传热能力较弱，因而制品成熟缓慢，需要时间长。另外，制品在水中受热直接与大量水分子接触，淀粉颗粒在受热的同时能充分吸水膨胀，成熟后重量增加。在成熟过程中应根据锅内加水量及投入生坯多少及火力大小来决定成熟时间，避免投入过多生坯（或水量过少）导致制品出现破碎、粘连、糊稠等现象。制品煮制的时间要把握准确，过短导致制品未完全成熟，吃口粘牙；过长制品容易变形、软烂，影响成品的质量。

三、煮制的操作方法

1. 水烧沸

将锅内的水加充分，水量一般为制品的 10 倍，然后用旺火烧开，行话称“火旺、水沸，水要宽”，再下生坯煮制，用沸水煮制的生坯可缩短煮制时间。

2. 生坯入锅

将生坯逐个（或几个）投入滚沸的水中，并用铲子或勺背不断顺锅边推划，轻轻搅动，使生坯自然散开，防止制品受热不均，造成相互粘连（或粘锅底）的现象。

3. 煮制

水面要始终保持微开状态，即沸而不腾，然后经过几次点水，看到制品馅心膨胀圆滑即可。

实训 3　炸制工艺

实训目标：熟悉炸制成熟方法的特点、适用范围和熟制原理；掌握炸制成熟法的工艺流程、操作方法与技术要领；熟练掌握炸制成熟技法，并能根据不同品种的特点选用相应的成熟方法，以达到最佳的质量效果。

炸又称油炸，是指将成形的面点生坯投入一定温度的油内，以油脂为传热介质，使制品成熟的方法。炸制是面点中应用较为广泛的成熟方法。炸制适用范围很广，几乎所有种类面团制品都可以用炸的方法制熟，主要用于油酥面团、化学膨松面团、米粉面团、薯类面团制品等，如各种酥点、香酥麻圆、油条、土豆饼等。

操作实例：湘式农家南瓜饼

（1）原料配方。

① 皮坯：老南瓜 500 克、糯米粉 150 克、澄粉 100 克、白糖 100 克、鸡蛋 2 克、面包糠 150 克。

② 馅心：豆沙馅 300 克 。

（2）操作程序。

① 蒸南瓜：老南瓜去皮切成薄块，放入蒸笼内用旺火蒸至刚好成熟，取出晾凉后挤去部分汁水备用。

② 调制面团：将挤过水的南瓜捣成泥茸状，加入适量的白糖、糯米粉和澄粉揉搓均匀成软硬适中的面团即可。

③ 成形：取面团包上豆沙馅，捏成圆饼状，放入鸡蛋液中蘸上一层蛋液，再放入面包糠中均匀地裹上一层面包糠即可。

④ 成熟：将油锅置火上，加入较多色拉油烧到三成热，下南瓜饼生坯炸制，待饼坯漂

浮在油面上后，再升高油温炸制至南瓜饼色泽金黄即可。

（3）风味特色：色泽金黄，香甜软糯。

【分析】

从南瓜饼的制作实例分析可知，南瓜饼外酥内嫩的特点与其成熟时使用炸的方式密不可分。

一、炸制的特点

（1）用油量较多，制品生坯受热均匀。炸制成熟整个过程中，面点生坯都是浸泡在油脂中的，受热时制品在炒勺的推动下上下左右活动。由于炸制用油量很大，制品在油中活动的范围很广，受热均匀，制品成熟后色泽一致。

（2）炸油温度变化快，温域范围宽。油脂通过加热温度上升很快，几分钟就可上升到高温区域。水的加热温度最高只能到 125℃，而油脂加热温度最高可达到 300℃，其温度变化范围是水的 2 倍多。由于油脂的比热容是水的一半，因此在相同的加热条件下，油温升高比水要快得多。

（3）制品成熟速度快，能源消耗少。炸制是成熟方法中成熟最快的一种，因为油脂在加热时温度上升很快，面点生坯在油炸过程中被油脂紧紧包围，受热均匀而且迅速，再加上油脂在相同加热条件下比水提升温度快一倍，可大大节约能源。

（4）能使制品形成或酥脆、或外酥内嫩的质感。炸制是用油脂作为传热介质，温度上升的空间大，而且变化很快，在制品成熟过程可以通过控制油温的高低，让成品形成各种不同的口感，一般炸制品的色泽都是白色、淡黄色、黄色或金黄色，其质感或酥脆、或松酥、或外酥里嫩，风味独特。

（5）油脂在高温作用下会产生有毒物质，损害人的身体健康。油脂由于温度变化快，而且能够达到的温度很高，如果在炸制过程中没有把握好油温，蛋白质和淀粉很容易受高温的影响，产生有毒的致癌物质，危害人体健康。因此油炸温度一般不要超过 250℃，避免产生有毒成分，影响食客的健康。

二、炸制的成熟原理

炸制成熟主要依靠油脂的传导和对流作用使制品成熟，同时形成面点制品的色泽和质感。油炸时的热量传递主要是以热传导的方式进行，其次是对流传递。油脂被加热时，热量先从热源传递到油炸容器，油脂从容器表面吸收热量再传递到制品表面，然后通过热传导把热量由外部逐步传向生坯内部，使被油脂包围的生坯四周同时受热，在这种高温下制品很快会被加热成熟，而且色泽均匀一致。油炸时对流传热对加快面点的成熟起着重要作用，被加热的油脂和面点进行剧烈的对流循环，浮在油面的面点受到高温油脂的强烈对流作用，一部分热量被面点生坯吸收，并使制品内部温度逐渐上升，水分不断受热蒸发，从而使制品达到成熟。

三、油脂在炸制过程中的变化

（1）油脂在炸制过程中的化学变化。油脂在炸制过程中受温度的影响会发生化学变化，主要有热氧化、热水解、热分解、热聚合等。发生化学变化后生成的产物主要有低级的醛类、羧酮、醇等短链化合物和大分子的聚合物等，使油脂的理化性质发生变化。

（2）炸制后油脂的质量变化。炸油经过高温反复加热后，油脂会发生色泽变暗，黏度上升，泡沫增多，发烟点下降，口感变劣等现象，使油脂的营养价值降低，这些现象称为油脂的老化现象。尤其是反复使用的油脂，会产生对人体危害极大的毒性物质，如环状化合物、二聚甘油酯、三聚甘油酯和烃类等，其中二聚甘油酯毒性最强。

（3）炸油的合理使用。合理使用炸油，目的在于保持油脂的品质，避免油炸过程产生有毒物质，减少对人体健康的危害，以延长其使用时间。因此，炸油在使用过程中应注意以下几个方面。

① 选择高质量和高稳定性的油脂作为炸油。

② 控制好油温，不要过度加热，尽可能使用设计合理的先进设备。

③ 选择正确的加热方式，尽可能保持油脂的加热状态，间歇性加热的油脂比连续性加热的油脂变质显著。

④ 尽量减少或规避能促进油脂氧化的因素。

⑤ 保持炸油清洁，及时清除杂质。

⑥ 油炸过程中要随时补入新油，并且使用一段时间后要更换新油。

四、炸制的操作方法

（一）锅内油温的控制

不同的制品需要的油温高低不同，形成制品的色泽、质感也不同。炸制使用的油温情况如下。

（1）低油温：90℃～120℃，行业上称三至四成热油温。

（2）中油温：120℃～150℃，行业上称四至五成热油温。

（3）热油温：150℃～180℃，行业上称五至六成热油温。

（4）高热油温：180℃～210℃，行业上称六至七成热油温。

（二）生坯入锅

不同种类的面点制品需要不同油温炸制。例如，油酥制品多先用低油温浸炸，再用高油温炸制；糕团类制品多用中油温炸制；热水面团类、矾碱盐面团类制品多用高油温炸制。

（三）炸制

在油炸的过程中，油温可根据制品需要升高或是降低。例如，明酥类：由低油温—高油温；糕团类：由中油温—低油温—中油温—中高油温；热水面团和矾碱盐面团类：由低高油温—中高油温。

（四）成熟度把握

成熟是根据制品需要来调节制品色泽。明酥类制品大多色泽乳白或浅黄，炸制时一般使用中低温油炸；糕团类制品大多色泽金黄，外脆内糯，炸制时一般使用中高温油炸；热水面团和矾碱盐面团类制品大多色泽金黄、酥松膨胀、香脆可口，炸制时一般使用高温油炸。

实训 4　煎制工艺

实训目标：熟悉煎制的种类与特点；掌握油煎、水油煎、炸煎和蒸煎的操作方法与技术要领；熟练掌握煎制成熟技法，并能根据不同品种的特点选用相应的成熟方法，以达到最佳的质量效果。

煎制是指将成形的面点生坯放入煎锅中，利用金属锅底和油脂的传热使制品成熟的方法。煎制用油量较少，操作方法简单，一般是在锅底抹一层薄薄的油，再经加热使制品成熟。煎制用油量的多少，根据制品的不同要求而定，有的制品需油量较多，但不能超过制品厚度的一半，有的还需加些水，使之产生蒸汽，然后盖上锅盖，连煎带蒸带焖，使制品成熟。

操作实例：湘式生煎包子

（1）原料配方。

① 皮坯：面粉 450 克、老酵面 50 克、小苏打 4 克、白糖 20 克。

② 馅心：猪肉（肥四瘦六）500 克。

③ 调味料：料酒 5 克、味精 2 克、胡椒粉 1 克、精盐 6 克、酱油 10 克、香油 5 克、葱花，冷鲜汤少许，色拉油适量。

（2）操作程序。

① 发面：面粉加老酵面、清水，调成面团，盖上湿布发酵。

② 扎碱：将发好的面团加入小苏打，扎成正碱，反复揉匀，再用湿布盖好，饧面 5 分钟。

③ 制馅：将猪肉切成碎粒，加精盐、酱油、胡椒粉、香油拌匀，最后加入葱花拌匀即成。

④ 包馅成形：将饧好的面团搓成直径 3 厘米的长条，下剂，用手按成直径 4 厘米的圆皮（中间稍厚，边沿微薄），放入馅心捏成细褶花纹收口，即成包子生坯。

⑤ 熟制：将平锅置中火上，加色拉油烧至三成热，放入包子生坯煎制，待底部煎成金黄色时即烹入 150 克清水，加盖烘 3 ~ 5 分钟，水分收干即成。

（3）风味特色：包子皮洁白柔软，包子底色泽金黄香脆，馅汁多而鲜美。

【分析】

生煎包子的特色是包子上部洁白柔软松泡，底部金黄酥脆，其特色的形成关键在于使用的水油煎熟制方法。

一、煎制的种类

根据不同品种的需要，煎制大致可分为四种：油煎、水油煎、煎炸、蒸煎。

（一）油煎

将平锅烧热加入油，将油均匀地布满锅底，投入生坯，先将其一面煎至金黄色，再翻身煎另一面，煎至两面都呈金黄色，内外四周都熟透为止。油煎具有外酥脆内细软的特点。

油煎葱油饼

无馅的油煎制品从生到熟都不盖锅盖，因制品紧贴锅底，既受锅底传热，又受油温传热，与火候关系很大，一般以中火、四五成热的油温为宜。过高温度容易使制品焦煳不熟，过低温度则难以使制品成熟，制品夹生干硬。

包馅的油煎制品，煎的温度稍高一些，但不能超过七成热（180℃ ~ 200℃）。适合油煎法的品种有：葱油饼、馅饼、手抓饼等，其制品的特点是两面金黄色，口感香脆。

（二）水油煎

水油煎鸡汁锅贴

将平锅烧热倒入薄薄的一层油，将生坯由锅的四周向中间摆放，稍煎一会儿，待制品的底部呈淡金黄色，然后由锅的边缘加入适量的清水或淀粉浆（一般 1 500 克制品，加水量 400 ~ 500 克），然后盖紧锅盖，煎 8 ~ 10 分钟，让水产生蒸汽，使制品连蒸带煎一起成熟，形成底部金黄、上部柔软、油光鲜明、香酥可口特殊风味。例如，水油煎生煎包、生煎馒头、鸡汁锅贴等。

（三）煎炸

煎炸与油煎相似，只不过是在煎的基础上多了炸这道工序，行业称这种方法为半煎半炸法。

煎炸法一般是先煎后炸，具体方法：先把平锅抹上薄薄的一层油，放入面点生坯，将制品正反两面都煎成金黄色，然后再加油把制品内部炸透，但加油量不可超过制品厚度的一半。适合煎炸法成熟的品种有萝卜丝酥、鲜肉酥卷等，其特点是层次清晰，外酥内嫩。

（四）蒸煎

蒸煎是先将制品蒸制 3 ~ 4 分钟，待其晾凉后，再将平底锅烧热，加入薄薄的一层油，然后将制品放入锅内，煎至底部呈金黄色即可。适合蒸煎法成熟的品种有四川煎饺、荔浦芋煎饼、山东煎包。其特点是表面洁白软滑，底部金黄酥脆、口味鲜嫩。

煎炸萝卜丝酥

蒸煎山东煎包

实训 5 烙制工艺

实训目标：熟悉烙制成熟方法的适用范围和熟制原理；掌握烙制成熟法的工艺流程、操作方法与技术要领；熟练掌握烙制成熟技法，并能根据不同品种的特点选用相应的成熟方法，以达到最佳的质量效果。

烙是指将成形的面点生坯摆入平底锅中，通过金属介质传热使制品成熟的一种熟制方法。烙通过金属锅底受热，使锅体含有较高的热量，当生坯的一面与锅体接触时，立即得到锅体表面的热能，生坯水分迅速汽化，并开始进行热渗透，经两面反复与热锅接触，使之达到成熟。适合烙制法成熟的主要有水调面团、膨松面团、米粉面团、米浆面团等制品，特别适合各种饼类的成熟。

操作实例：湘式春饼

（1）原料配方：面粉 500 克、热水 350 克、熟猪油 35 克、色拉油 50 克。

（2）操作程序。

① 调制面团：面粉调制成团，反复揉至光滑，然后摊开散去热气，再进一步揉搓成团，盖上湿布备用。

② 成形：将热水面团加入猪油、色拉油，反复揉匀后搓成长条，揪成 25 克一个的面剂，排列整齐，撒上一些面粉，然后压扁，刷上一层油，再撒一层面粉，把两个面剂合在一起，用擀面杖擀成圆形薄片待用。

③ 熟制：将平锅置中火上烧热，放上生坯烙熟取出，撕开叠成扇形装盘即成。

（3）风味特色：饼皮薄而柔软，绵韧爽口。

【分析】

从春饼的制作实例分析可知，用干烙方法熟制时，饼坯不宜太厚，由于饼坯直接接触金属锅底，因此加热火力不能太大，否则易焦煳。

根据不同品种的需要，烙制可分为干烙、油烙和水烙三种。

（一）干烙

干烙是将成形的面点生坯直接放入平底锅内加热的成熟方法，此过程不用刷油，也不用洒水。具体方法：先将生坯放入锅内烙一面，待生坯鼓气后，再烙另一面，两面都有“面花斑”为佳，是利用锅底传热使其成熟的方法。对中厚的饼类，要求火力适中（160℃～180℃）；对包馅较厚的饼类，要求火力稍低。操作时，必须按不同要求来掌握火力大小、温度高低及时间长短。锅在受热后，一般是中间部位温度高，边缘部位温度低，为使制品全面均匀受热成熟，大多数制品在烙制到一定程度后，就要移动部位，使制品的边缘和中心受热一致，不致出现中间焦煳，边缘夹生的现象，俗话说的烙饼要“三翻九转”就是这个道理。适合干烙成熟的品种有春饼、夹馍、白面锅盔、烧饼、米面煎饼类等，其特点是皮面香脆、内部柔软、外呈金黄色，表面有“面花斑”。

干烙白面锅盔

（二）油烙

油烙盘丝饼

油烙是将锅烧热（160℃～180℃），抹薄薄的一层油，放入生坯，待制品呈浅黄色后再翻动，然后在制品表面刷上少许油，每翻动一次，就刷一次，直到制品成熟。油烙成熟主要是靠锅底传热，油脂也起到一定作用。适合油烙成熟的品种有盘丝饼、肉锅盔、发面大饼、烫面大饼等，其特点是外香酥、内柔软、外脆、内嫩，具有特殊风味。

（三）水烙

水烙是利用铁锅和蒸汽联合传热使制品成熟的方法。水烙从制法上看和水油煎很相似，风味也大致相同，但水油煎是在油煎后，洒水焖熟，而加水烙法是在干烙的基础上洒水焖熟。加水烙在洒水前的做法和干烙完全一样，但只烙一面，即把一面烙成金黄色后，洒少许水，盖上盖，边烙制边蒸焖，直到制品完全成熟。适合水烙成熟的品种有大锅饼、酵面大饼等，其特点是上部分和边缘柔软，底部香脆爽口。

水烙酵面大饼

实训 6　烘烤工艺

实训目标：熟悉烘烤成熟方法的适用范围和熟制原理；了解微波加热原理及微波加热器皿的选择；掌握烘烤成熟法的具体操作方法与技术要领；熟练掌握烘烤成熟技法。

操作实例：海绵蛋糕

（1）原料配方。低筋面粉 500 克、鸡蛋 1 000 克、白糖 500 克、色拉油 150 克、清水 100 克。

（2）操作程序。

① 调制面团：先将鸡蛋和糖加入打蛋缸，慢速搅打至糖、蛋混合均匀，再改用快速搅打至蛋糊能竖起且不往下流，体积达到原来蛋糖体积的 3 倍左右时，把过筛的面粉慢慢倒入已打发好的蛋糊中，并搅拌均匀，最后加入色拉油拌匀即可。

② 成熟：将调制好的蛋泡面糊倒入烤盘中，放入烤炉中烘烤，一般烤炉的温度调为面火 190℃，底火 210℃，烘烤的时间在 25 分钟左右即可。

（3）风味特色。蛋糕表面色泽金黄，内部组织细腻，松软而香甜。

【分析】

从海绵蛋糕的制作实例分析可知，烤制成熟需要用到烤箱、烤盘，对烤炉要进行温度、时间的设定。烤制出来的产品表面颜色可呈红褐色、棕黄色，烘烤香味浓郁，这是以蒸的方式制作蛋糕所没有的特点。

一、烤制工艺

烤又称烘烤、焙烤，是把成形的面点生坯放入烤盘中，送入烤炉内，利用炉内的高温即利用传导、热辐射、对流的传热方式使其成熟的一种方法。

（一）烤制的特点

制品在炉内温度高，受热均匀，成品色泽鲜明，形态美观。成品口味较多，外酥脆内松软或内外绵软，富有弹性，风味独特，营养价值高。烘烤主要用于层酥面团、混酥面团、各种膨松面团等制品，如各种清酥点心、各式面包、蛋糕、蛋挞、饼干、月饼等。既有大众化的品种，也有很多精细造型的点心。

（二）烤制的成熟原理

烤制是一项较精细的工艺技术，由于炉内的温度较高，所以操作时稍有疏忽就会给面点的质量带来直接影响，面点制品在受热烘烤中，热量是由传导、对流和辐射三种方式进行传递的，使制品定形、上色后达到成熟。

（1）传导：通过烤盘或模子受热后再直接传给面点制品的生坯。

（2）对流：炉内的空气与面点表面的热蒸汽对流时，面点可吸收部分热量。

（3）辐射：炉内热源为红外线辐射，可直接被面点生坯吸收。

上述三种传热方式在面点的成熟过程中一般是混合进行的，但起主要作用的还是传导和辐射。通过烤制使制品由生变熟，并形成金黄色、红褐色或白色，组织结构膨松，香甜可口，富有弹性的特色。

当制品生坯被放入炉内受到高温作用后，淀粉和蛋白质会立即发生物理和化学变化。这种变化从两个方面可以表现出来：一方面是制品表面的变化。当制品表面受到高温，所含水分迅速蒸发，淀粉变成糊精，并发生美拉德褐变反应和焦糖化作用，从而使制品形成金黄、光亮、酥脆的外表。另一方面是制品内部的变化。制品内部因不直接接触高温，受高温影响较小。据测定，在制品表面受250℃高温时，制品内部始终不超过100℃，一般在95℃左右，加上制品内部含有无数气泡，传热也慢，水分蒸发较少，气体膨胀，淀粉糊化，蛋白质变性，油脂熔化及水分再分配等作用，形成制品内部松软有弹性的特点，使制品经烘烤可产生悦人的色泽和香味，这就是烤制的基本原理。

（三）烤制的操作方法

1. 火型和炉温的调节

火型和炉温的调节主要是通过烤炉上下火来控制的，可根据需要发挥烤炉各部位的作用。不同制品所需的炉温是不同的，一般选用以下四种炉温。

（1）低温。100℃～150℃，主要适合烘烤各种五仁馅、什锦馅心的原料，烘烤成乳白色、白色等，以保持原色、产生酥脆口感。如花生仁、瓜子仁、核桃仁、松子仁、面粉、米粉等。

低温烤瓜子仁

中温油酥

（2）中温。150℃～180℃，主要适合烘烤各种层酥类点心、白皮类制品，一般烤成浅黄色、白色、乳白色等，以乳白色制品居多。

（3）中高温。180℃～220℃，主要适合膨松面团、油酥面团、混酥面团、蛋糕、饼干等制品，表面颜色较重，如黄色、金黄色、黄褐色等。

（4）高温。220℃～270℃，主要适合清酥面团、月饼、各类根茎类土特产的烤制，表面呈金黄色、枣红色、红褐色等。

中高温油酥

高温月饼

2. 烤盘内生坯摆放

烤盘一定要清洗干净，放入烘烤炉内把水分烘干，然后刷少许油（或不刷油）备用。生坯在摆放时，间隔距离要适中，一般制品是根据烤盘大小来定个数。烤盘间距大或生坯在烤盘内摆放过于稀疏，都易造成炉内湿度小，火力集中，使制品出现表面粗糙、色泽灰暗甚至焦煳的现象。所以烤盘间距和生坯在烤盘内摆放的密度要适中，否则会对烘烤的制品产生直接的影响。

3. 生坯入炉

因为炉温是用上下火来调节的，所以生坯入炉内前，先根据制品来选定烤炉上下火温度。下火亦称底火，下火对制品的传热方式主要是传导，通过烤盘将热量传递给制品，下火适当与否对制品的体积和质量有很大影响。下火有向上鼓动的作用，且热量传递快而强，所以下火主要决定制品的膨胀或松发程度。下火不易调节，过大易造成制品底部焦煳，不松发；过小易使制品塌陷，成熟缓慢，质量欠佳。

上火亦称面火，面火主要通过辐射和对流传递热量，对制品起到定型、上色的作用。烘烤中若上火过大，易使制品过早定型，影响底火的向上鼓动作用，导致坯体膨胀不够，且易造成制品表面上色过快，使制品外焦内生；上火过小，易使制品上色缓慢，烘烤时间延长，制品水分损失大，变得过于干硬、粗糙。上下火控制要根据不同品种的要求和炉体结构的情况来确定，并且根据室内温度来加减上下火的温度。待需要的炉温达到后便可将装有生坯的烤盘放入烤箱内，关紧箱门进行烤制。

4. 烤制

在烘烤面点制品时，必须根据面点制品的类型、馅心的种类、坯体的大小、厚薄、面团特性等因素来确定炉温和烘烤时间。炉温和烘烤时间两者相互影响、相互制约。烘烤时若炉温低、烘烤时间长，则会使制品水分蒸发，造成制品干硬，色泽欠佳；若炉温低、烘烤时间短，则会使制品不易成熟或变形，色泽发青、暗；若炉温高、烘烤时间长，则会使制品外焦内硬，甚至炭化，无法食用；若炉温高、烘烤时间短，则会造成制品外焦内生，内心原料受高温影响而溢出，影响制品的美观度。

5. 出炉

根据各类制品需要来决定出炉的时间。清酥制品、物理膨松制品等，需先停炉过 2 ~ 3 分钟再出炉，目的是防止制品受冷收缩；层酥制品、发酵制品等，则必须快速出炉，这样制品才会外酥脆、内松软。

（四）烤制的技术要领

（1）烤盘必须擦干净，根据品种需要抹油或不抹油。

（2）生坯摆放的数量要适中，间隔距离要适当。

（3）调节好烤炉内的湿度，保证成品的质量。

（4）控制好烤炉内的温度，根据品种来调节上下火炉温。

（5）把握好制品的烘烤时间，准确判断其成熟度。

二、微波加热工艺

（一）微波加热的含义和特点

1. 微波加热的含义

微波加热是指将成形的面点生坯放入微波炉中，通过生坯吸收微波而产生大量的热能，从而使制品达到成熟的熟制方法。微波加热是将微波作为一种能源，使得放在微波炉内的食物与微波电磁场发生相互作用，从而达到加热的效果。

2. 微波加热的特点

微波加热实际上是介质材料在微波炉腔体内与微波电磁场发生相互作用后，将其所吸收的微波能量转化为热能的过程。其他加热方式是由热源（煤气火源、电炉丝、煤炭火源等）经过空气传到容器（锅等）的表面，再由容器传到食物表面，然后由食物表面再传到食物内部，最后使食物全部被加热成熟。这个过程主要由传导加热和辐射加热两种加热形式完成，不仅热量散失大，且加热速度慢，热效率低。微波加热是利用微波在金属炉腔内来回多次运动，再反射到被加热食物的表面和内部，最终使食物被加热达到熟制。在这一过程中，当微波到达食物前不会产生任何热量，故不存在热传导和热辐射。由此可见，微波加热与其他加热方式相比较具有许多独到之处，其主要特点归纳如下。

（1）加热迅速，省时快速。

（2）节约能源，经济效益高。

（3）能保持原料的营养价值，消毒杀菌效果好。

（4）制品受热均匀，成品质量高。

（5）使用方便，食品安全、卫生。

（6）制品加热方便，解冻迅速。

（7）使用方法简单，容易掌握。

（8）食品再次加热方便，再热效果好。

（9）制品不易上色，温度内外基本一致。

（10）口味少，质地比较单一，以松软为主。

（二）微波加热原理

微波加热是以辐射的方式进行热量的传递，微波辐射到制品上产生反射、透射和吸收，从而使制品由内到外达到成熟。简单来说，微波加热是指物质中的杂乱无章的极性分子（一端带正电、一端带负电的分子），在微波电磁场的作用下，随着高频场的作用快速摆动。由于分子要随着不断变化的高频场的方向排列，就必定要克服分子原有的热运动和分子间相互作用的干扰和阻碍，产生类似于摩擦的作用，故而以热量的形式表现出来，介质的温度也随之升高，介质再将热量传递给食品，从而使制品成熟。

（三）微波加热器皿的选择

微波加热成熟制品非常简单方便，操作中除了要拥有一台质量可靠、性能良好的微波炉，还必须配置适用的微波加热器具，才能达到微波炉加热的最佳效果。

微波炉具有三大特征，即反射性、穿透性、吸收性。微波与电波一样，具有直线传播性，微波遇到金属板后将被全部反射回去，所以，在烹饪食物时，最好不要使用金属器皿，否则微波能量将无法穿透金属制品，不能与食物发生相互作用，很难达到加热目的。此外，涂有金属粉末、镶有金边、银边的碟、盘、碗、杯等餐具，也不宜使用，否则会缩短微波炉的寿命。但事物总是一分为二的，在微波烹饪过程中，有时也可利用金属反射微波的特点，控制调节炉腔内微波电磁场的分布情况。例如，为了防止在烹饪如鸡翅、鸡爪、鱼尾等类型的食物时，尖、薄易热部位不至于过热，常用铝箔等金属薄膜将它们覆盖住。这里要说的是，在使用金属铝箔时，铝箔最好与炉壁保持一定距离（约 1 厘米），不可碰到炉腔内壁，以免引起尖端放电。

微波具有穿透性，可以穿透空气、玻璃、陶瓷、塑料及纸质器皿，但这些物质并不会吸收微波或很少吸收微波。因此，人们常常采用这类物质作为烹调器皿。目前市场上有微波炉专用的低损耗、耐高温的玻璃器皿。若使用普通玻璃器皿烹饪食物，则器皿本身温升会比专用器皿高一些。另外，还有一些低损耗微波炉专用陶瓷器皿及聚丙烯等中性耐热塑料器皿和微波炉专用塑料器皿。微波烹饪器皿必须耐热，能够盛放滚烫的食品或液体而不会变形、损坏或破裂。除此之外，微波餐具的形状最好采用圆形、直边、宽口，这样才能使食物加热时受热更均匀。

一般耐热塑料容器（耐温性达 130℃以上）也可以使用。对于木制及竹制器皿，由于其本身含有水分，可在短时间内加热使用。若加热时间过长，水分蒸发后，会使容器变干而烧焦。另外，对于纸杯、纸碟类纸制品，也只适合于短时间加热。值得注意的是，对于那些表面涂有颜色及防水蜡的纸制品，颜料和蜡经微波加热熔化后会与食物混合，食用后会对人体造成危害，应加以注意。

为了更加有效地使用微波炉，目前市场上还出现了专门为微波炉而设计的系列专用器皿，如烤鸡盘、煎盘、蒸蛋器、盖子、调料杯等。它们是利用介质对微波的吸收特性，在烤盘底部及器具内壁加入部分吸收微波性能良好的介质材料，经过特殊加工处理而制成。在微波加热腔内，器具局部很快地大量吸收微波能量，再将热量传到被加热食品上，从而使被烹饪的食物色泽完美、焦香可口，且耗电少，因此最好选购此类专用器皿，才能达到事半功倍的效果。

（四）微波加热的基本要求

由于微波加热成熟的原理与传统的烹调加热成熟的原理有着本质的区别，所以要想在保持传统的中国烹调艺术的基础上，再利用微波烹调的独特优点，烹制出色、香、味、形、质更佳的美味佳肴，除了要了解影响微波烹调的主要因素，还必须掌握微波加热的基本要求，最终享受到微波烹调的乐趣。微波加热的基本要求如下。

1. 排列

食物在盛物盘中排列的形状直接影响到加热的均匀度及烹调的效果。一般盛物盘是旋转的，故最好将食物沿盘外侧排列成环行，彼此间留有空隙，才能让微波均匀地从各个方向进入食物。注意中心区域最好不要放置食物，因为当转盘旋转时，环行圈上的食物将在炉腔内不断改变位置，受到大小不同的微波电磁场（微波能量）的均匀作用，而转盘中心食物在炉内始终处于同一位置，因此，可能导致此处的食物加热不均匀，从而使食物的成熟度很难保持一致。

2. 搅拌

由于微波炉中盛物盘是旋转的，因此食物加热过程中，只存在径向上的温差，特别是在加热颗粒状食物时，如花生米、瓜子、茶叶等，中途可沿着径向搅拌一两次，从而使处于盛物盘内圈上的食物与外圈上的食物吸收到相同的微波能量。对于烹调一般菜肴、汤类、糊状食物时，在烹调过程中，可用汤匙从容器外围向中心搅拌一两次，从而使热量均匀分布，缩短烹调时间。

3. 器皿

盛放食物器皿的材质、大小、形状对烹调时间及加热的均匀性都有直接的影响。使用能量损耗小的微波炉专用器皿（在烹调食物过程中，器皿本身并不发热），食物烹调时间短。此外，选用扁而浅的大圆盘放置被加热食物，其烹调速度比放置在同等容器的深盘内要快，而且最好选用直边（不要斜边）浅盘，使食物得到均匀的热量。

4. 形状

用微波烹调圆形食物要比烹调矩形或其他带棱、边、角形状的食物均匀，加热效果好得多，因为圆形食物可使微波从四周各方向等量地进入其内部均匀加热；而带有棱、角、边形状的食物，棱、角、边会较多地吸收微波能量，从而使食品因为局部过热而出现烧焦的现象。

5. 加盖

为了避免烹调过程中食物的水分过分地蒸发，防止材料溅溢损失，影响食物的原味，在蒸、煮、焖等烹调过程中，应在容器上加盖。但盖子边缘应透气，以利于烹调过程中过量压力的蒸汽排出，避免因气压过大而出现爆炸的现象，同时也加快了食品烹调的速度。

6. 加保鲜膜

在烹调含水量较低的面点（如馒头、面包）及再热干饭时，为避免加热后因水分的蒸发而过于干燥，使食物仍保持原有松软可口的口感，在烹调过程应根据食物的数量、干燥程度，适量滴上少许水，用保鲜膜封上后再加热。同样在烹调新鲜蔬菜、新鲜肉片、鱼片等食物时，也应覆盖一层保鲜膜（微波炉专用保鲜膜或聚丙烯塑料膜）后再进行烹调。这样不仅可以防止水分、汤汁的散失，而且还可以保持食物原有的鲜嫩口味。

7. 铁网和敷垫

在烹制油炸、烘烤等带有香脆酥软口感的食物时，应将烹制物放置在专用的微波炉烹调铁丝网上，这样，不仅能使食物中多余的水分很快地蒸发扩散出来，而且可沥干多余的油料。同样可用纸巾垫在面包、饼干或沾有面包粉面屑的鸡片、猪肉片下再进行烹调烘烤，这样纸巾可以吸收转盘与食物间积存的水蒸气，保持食物表面干燥、松脆，使食物成熟后达到最佳效果。

8. 遮裹

在烹调密度和形状不均匀的食物时，如一条鱼的中段较粗，头尾又较细，故其吸收微波程度肯定不一样；而一只整鸡在鸡翅尖、胸骨、腿部吸收微波能量也多于其他部位，为使这些部分不至于在烹调中因过度脱水而焦硬，常采用能反射微波的金属箔纸遮裹易于吸收微波能量的部位，达到加热均匀、形色美观的烹调效果。当然，这里要特别注意的是遮裹的部位，铝箔不触及炉腔内壁，应保持与炉腔有一段距离，以免造成电弧打火。此外，在烹调过程中可将调味汁等涂在肉类表面，同样能起到遮裹作用，防止表面、局部脱水过多，影响食品的口感。

9. 搁置

微波烹调是食物的组成分子本身在微波炉腔体内与微波能量相互作用，分子间摩擦生热，达到加热的目的，因此加热一段时间后，即使炉子停止工作，但由于惯性作用，食物内分子不会立刻停止振动，而将继续加热，其产生的热量可继续保持一段时间的自身烹调，这就是微波烹调与其他烹调的不同之处。充分利用这一特点，就是我们所说的微波烹调停机搁置技术。

搁置时间的长短，取决于食物的大小、密度等。食物的体积越大、密度越大、分量越多，则自身烹调所延续的时间也越长。一般肉类食物停机后加盖保持 10 ~ 15 分钟，其内部温度可继续上升 5℃ ~ 10℃，而一般菜肴及蔬菜，搁置时间应相应短些，剩余热量足以使内部完全加热至熟，而从其外部却丝毫看不出烧干、硬皮等烹调过度的现象。总之，停机搁置是微波烹调的基本要素，不仅能充分利用余热来完成自身烹调，使其更加入味，而且能使食物内外温度更加均匀，以防出现外凉内热而烫伤食用者口舌的情况。

项目测试

一、不定项选择题

1. 和面是整个面点制作的（　　）工序，也是最重要的环节。

A. 最初一道　　B. 第二道　　C. 第三道　　D. 第四道

2. 手工和面的技法大体可分为抄拌法，调和法，（　　）三种。

A. 烫制法　　B. 搅和法　　C. 醒制法　　D. 抄调法

3. 糕点行业常用调和法调制大量的冷水面团和（　　）面团。

A. 温水　　B. 沸水　　C. 糨糊类　　D. 水油

4. 在搅拌的作用下，面粉中的（　　）吸水膨胀，相互连接起来形成面筋。

A. 淀粉　　B. 蛋白质　　C. 糖类　　D. 膳食纤维

5. 和面机的转速选择要适宜。一般来说，和面前期以（　　）r/min，后期以 20 ~ 30r/min 为宜。

A. 20 ~ 30　　B. 30 ~ 50　　C. 40 ~ 50　　D. 40 ~ 60

二、判断题

1. 面点制品在受热烘烤中，热量是由传导、对流和辐射三种方式进行传递的，使制品定形、上色后达到成熟。（　　）

2. 炉温为高温时主要适合清酥面团、月饼、各类根茎类土特产的烤制。（　　）

3. 层酥制品、发酵制品等，需先停炉过 2 ~ 3 分钟再出炉，目的是防止制品受冷收缩。（　　）

4. 微波到达食物前会产生任何热量，存在热传导和热辐射。（　　）

5. 涂有金属粉末，镶有金边、银边的碟、盘、碗、杯等餐具可以采用微波加热。（　　）

项目五　水调面团品种制作

职业能力目标

- 了解水调面团的概念、形成原理及其影响
- 熟悉水调面团的原料、辅助原料、制馅原料、调味原料的性质与用途
- 掌握水调面团的操作过程在面点制作中的工艺性能
- 能够熟练地制作水调面团品种

典型岗位任务

- 辨识与使用水调面团的常用辅助设备与工具
- 熟悉水调面团的操作步骤
- 掌握水调面团品种的质量关键
- 熟知水调面团品种的评分标准

案例导入

中式厨师有红案、白案之分。在老百姓眼中，做白案的厨师没有发展前途。因为不管是在大酒店还是在小摊上，他们只能做一些早餐面点，每月工资很低。因此，很多白案厨师纷纷转行去做红案厨师。但冯三峰这个只有高中学历的中国打工仔，竟靠做不起眼的白案成为世界唯一七星级酒店的首席面点师，靠拉面绝技征服阿联酋，并成为百万富翁。他的成功证明一个道理 :“三百六十行，行行出状元。”行业并没有好坏之分，学艺和从业时，不一定要一味地追求热门行业，要寻找最适合自己的行业才是真理。只要认准一行，哪怕能把一个不起眼的职业做好、做精、做到极致，一旦机遇降临，就有可能取得冯三峰式的成功！

任务一　冷水面团品种制作

冷水面团俗称“呆面”“死面”，是用面粉与冷水（水温为 30℃以下）调制而成的面团，属于水调面团的一种。面团组织紧密无空洞，成熟后可基本保持原来形态，不会膨胀疏松，具有良好的可塑性和延伸性，性韧而柔软，熟制后，爽滑、劲道，具有弹性而不疏松。冷水面团，在餐饮行业应用非常普遍，品种也极为繁多，如拉面、水饺等。

实训 1 绉纱馄饨制作

绉纱馄饨为湖南特色名点。馄饨，又称云吞、抄手、水饺、包面、包袱、扁食、扁肉等，是中国汉族传统面食之一，通常在煮熟后带汤食用，源于中国北方。而湖南绉纱馄饨，因皮薄而透、馅少而精、薄如轻纱、入口即化，被誉为馄饨界的“萝莉少女”。绉纱是对馄饨新娘裙摆似的皮子的雅称。

一、工艺原理

面团性质：水调面团——冷水面团。

馅心类型：咸馅。

成形方法：卷。

成熟方法：煮。

二、操作步骤

（一）实训准备

原料配方、设备、器具、产品规格要求见表 5–1。

表 5–1 绉纱馄饨原料配方、设备、器具、产品规格

用料名称		用量（克）	备注（笔记）
面团	面粉	500	
	食用碱	3	
	干淀粉	50	
	清水	240	
馅心	前腿肉	450	
	精盐	10	
	味精	15	
	料酒	6	
	白糖	30	
	姜末	10	
	骨头汤	320	

续表

用料名称		用量（克）	备注（笔记）	
码料	榨菜末	30		
	青蒜丝	20		
	熟猪油	30		
	骨头汤	200	产品规格	10 克 / 个
	紫菜碎	50	出品量	10 碗
	葱花	20	盛器	汤碗
设备、器具准备				
设备	面案操作台、炉灶、锅			
器具	筷子、汤碗			
成品标准	皮薄韧滑、汤汁浓醇、肉馅鲜美			

（二）工艺流程

（1）馅心制作：将前腿肉洗净，绞成肉末，放入盆内，加入精盐、料酒、姜末、骨头汤（分次加入 120 克）搅拌上劲，同时放入味精、白糖拌匀成馅心。

（2）面团调制：将面粉放入盆内，倒入碱水（食用碱用 50 克沸水化开），再加入清水 240 克左右拌成雪花面，然后用手揉至面皮光滑后，收成面团静置 10 分钟左右。

（3）面皮制作：用擀面杖将面团擀成长方形面坯，再将其卷起擀薄，如此反复几次，直至擀成厚约 0.1 厘米的薄皮。用刀切成宽 4 厘米的长条，撒上干淀粉叠起，再切成 4 厘米左右的坯皮，逐一摊开。

（4）成形技法：将皮坯放在左手掌心上，用筷子上馅于面皮上方，顺势卷向下边，抽出筷子，将面皮两端对折合拢粘牢即成生坯。

（5）成熟工艺：取碗 10 个，每个碗中都放入味精、熟猪油、青蒜丝、榨菜末、紫菜碎、滚沸的骨头汤（200 克）。锅内加入清水烧沸后，下入馄饨生坯煮至上浮，点水稍煮即可捞出分装于碗中，最后撒上葱花即成。

(1)

(2)

(3)

(4)

三、质量关键

（1）面团用水量及饧置时间要充足。

（2）擀皮要薄，厚薄均匀。

（3）煮制时，火要大，水面宽。

四、实训考核

考核内容及评分标准见表 5-2。

表 5-2　绉纱馄饨实训操作考核内容及评分标准

项目			评分标准	分值分配	扣分原因	实际得分
操作过程	原料准备		原料准备到位，原料质量、用量符合要求	5		
操作过程	设备、器具准备		设备、器具准备到位，卫生符合要求，设备运行正常	5		
操作过程	操作时间		90 分钟	5		
操作过程	操作规程	面团调制	①面团软硬度适宜 ②面团饧置适度	7		
操作过程	操作规程	制皮	①皮坯方正，厚薄均匀 ②皮坯大小符合要求	6		
操作过程	操作规程	制馅	①调味料用量准确 ②拌料顺序正确，时机恰当 ③馅心保持咸鲜细嫩	5		
操作过程	操作规程	成形	①形态规范美观 ②大小、厚薄均匀 ③成品码放整齐	5		
操作过程	操作规程	成熟	①水温适当 ②煮制时间恰当	7		
操作过程	卫生习惯		①个人卫生整洁 ②工作完成后，工位干净整洁 ③操作过程符合卫生规范	15		
成品质量	成品规格		大小一致、皮薄如纱	10		
成品质量	成品色泽		白润透馅	10		
成品质量	成品质感		鲜香嫩滑	10		
成品质量	成品口味		汤汁鲜美	10		
合　计				100		

【名词注释】

抄手：馄饨在四川俗称抄手。川人嗜辣，有道名菜叫“红油抄手”。

实训 2　响铃馄饨制作

响铃馄饨为湖南特色小吃。其外形设计为元宝状，名为“响铃”一是因为响铃馄饨出锅后颜色为金黄色，二是喻示响铃馄饨的门面生意兴隆。在制作工艺上响铃馄饨与以前的馄饨有所不同，不是下锅煮，而是采用“炸”的传统工艺来加工，炸好后颜色金黄剔透，极为诱人。响铃馄饨不仅表面呈金黄色，外酥而里嫩，皮薄而馅香，可在吃的时候趁热淋入滚烫的汤汁，且在淋入汤汁的一瞬，会有“吡吡吡吡”的响声，增加口味的同时，还可让人有听觉的享受。响铃馄饨与被誉为“平地一声雷”或“天下第一响”的虾仁锅巴有着异曲同工之处。

一、工艺原理

面团性质：水调面团——冷水面团。

馅心类型：咸馅。

成形方法：卷。

成熟方法：炸。

二、操作步骤

（一）实训准备

原料配方、设备、器具、产品规格要求见表 5-3。

表 5-3　响铃馄饨原料配方、设备、器具、产品规格

用料名称		用量（克）	备注（笔记）	
面团	面粉	500		
	食碱	3		
	干淀粉	50		
	清水	240		
馅心	前腿肉	450		
	精盐	10		
	味精	15		
	料酒	6		
	白糖	30		
	姜末	10		
	骨头汤	200		
码料	玉兰片	100		
	干鱿鱼	100		
	酱油	20		
	猪肚	100	产品规格	10 克 / 个
	黑木耳	50	出品量	10 碗
	瘦肉	200	盛器	汤碗
设备、器具准备				
设备	面案操作台、炉灶、锅			
器具	筷子、汤碗			
成品标准	酥香松脆、色泽金黄、汤汁鲜美			

（二）工艺流程

（1）馅心制作：将前腿肉洗净，绞成肉末，放入盆内，加入精盐、料酒、姜末、骨头汤（分次加入 120 克）搅拌上劲，同时放入味精、白糖拌匀成馅心；猪肚洗净，煮制去腥味，干鱿鱼、玉兰片、黑木耳泡发，洗净，再把猪肚、鱿鱼、黑木耳、猪肉切丝。锅中放油，依次加入猪肚、鱿鱼、猪肉、黑木耳，翻炒，加入酱油、盐、味精，最后加入剩余骨头汤煮制即成码料。

（2）面团调制：将面粉放入盆内，倒入碱水（食碱用 50 克沸水化开），再加入清水 240 克左右拌成雪花面，然后用手揉至面皮光滑后，收成面团静置 10 分钟左右。

（3）面皮制作：用擀面杖将面团擀成长方形面坯，再将其卷起擀薄，如此反复几次，直至擀成厚约 0.1 厘米的薄皮。用刀切成宽 4 厘米的长条，撒上干淀粉叠起，再切成 4 厘米左右的坯皮，逐一摊开。

（4）成形技法：将皮坯放在左手掌心上，用筷子上馅于面皮上方，顺势卷向下边，抽出筷子，将面皮两端对折合拢粘牢即成生坯。

（5）成熟工艺：锅中放油，烧至八成热，倒入馄饨炸制，待色泽金黄捞出，沥干油汁。将烧开的码料趁热淋入炸制好的馄饨碗中，伴有“吡吡吡吡”的响声即成。

(1)

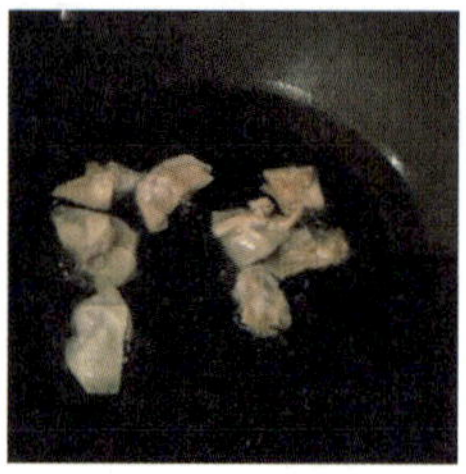
(2)

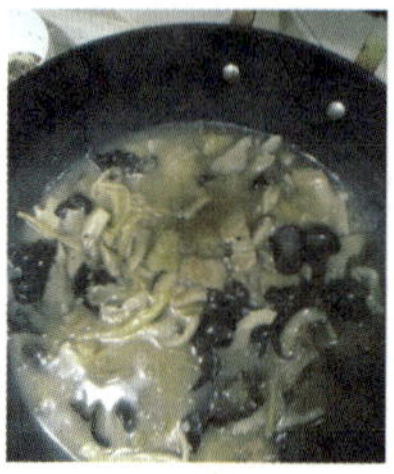
(3)

三、质量关键

（1）面团用水量及饧置时间要充足。

（2）炸制油温要高，否则不脆。

（3）码料烹制时要调味准确，火候恰当。

（4）趁热浇在馄饨上，否则无响声。

四、实训考核

考核内容及评分标准见表 5-4。

表 5-4　响铃馄饨实训操作考核内容及评分标准

<table>
<tr><th colspan="2">项　目</th><th colspan="2">评分标准</th><th>分值分配</th><th>扣分原因</th><th>实际得分</th></tr>
<tr><td rowspan="5">操作过程</td><td>原料准备</td><td colspan="2">原料准备到位，原料质量、用量符合要求</td><td>5</td><td></td><td></td></tr>
<tr><td>设备、器具准备</td><td colspan="2">设备、器具准备到位，卫生符合要求，设备运行正常</td><td>5</td><td></td><td></td></tr>
<tr><td>操作时间</td><td colspan="2">90 分钟</td><td>5</td><td></td><td></td></tr>
<tr><td rowspan="2">操作规程</td><td>面团调制</td><td>①面团软硬度适宜
②面团饧置适度</td><td>7</td><td></td><td></td></tr>
<tr><td>制皮</td><td>①皮坯方正，厚薄均匀
②皮坯大小符合要求</td><td>6</td><td></td><td></td></tr>
</table>

续表

<table>
<tr><th colspan="2">项　目</th><th colspan="2">评分标准</th><th>分值分配</th><th>扣分原因</th><th>实际得分</th></tr>
<tr><td rowspan="4">操作过程</td><td rowspan="3">操作规程</td><td>制馅</td><td>①调味料用量准确
②拌料顺序正确，时机恰当
③馅心保持咸鲜细嫩</td><td>5</td><td></td><td></td></tr>
<tr><td>成形</td><td>①形态规范美观
②大小、厚薄均匀
③成品码放整齐</td><td>5</td><td></td><td></td></tr>
<tr><td>成熟</td><td>①油温适当
②炸制时间恰当
③码料浇制时温度和炸好的馄饨要一致</td><td>7</td><td></td><td></td></tr>
<tr><td>卫生习惯</td><td colspan="2">①个人卫生整洁
②工作完成后，工位干净整洁
③操作过程符合卫生规范</td><td>15</td><td></td><td></td></tr>
<tr><td rowspan="4">成品质量</td><td>成品规格</td><td colspan="2">大小一致、形如元宝</td><td>10</td><td></td><td></td></tr>
<tr><td>成品色泽</td><td colspan="2">色泽金黄</td><td>10</td><td></td><td></td></tr>
<tr><td>成品质感</td><td colspan="2">酥香松脆</td><td>10</td><td></td><td></td></tr>
<tr><td>成品口味</td><td colspan="2">汤汁鲜美</td><td>10</td><td></td><td></td></tr>
<tr><td colspan="4">合　计</td><td>100</td><td></td><td></td></tr>
</table>

实训 3　杨裕兴面条制作

老长沙有句俗话："杨裕兴的面，徐长兴的鸭，德园的包子真好呷！"杨裕兴面条是湖南长沙一带的地方传统名小吃，产于闻名遐迩的百年老店——杨裕兴面馆。杨裕兴面馆由店主杨心田创建于清光绪二十年（1894 年），至今已有 100 余年的历史。始在三兴街租一铺面，经营米粉及汤圆，为图利市大吉，店主取"富裕兴盛"之意，冠名"杨裕兴"。1929 年，杨心田购置房产扩大经营，1934 年，由其子杨菊村经营，并于 1937 年在青石桥（今解放西路）开设支店。杨菊村任老板时，增设汤面、卤腊味、蒸饺等食品，尤以汤面知名，成为省内著名面馆。杨裕兴面馆配料独特，做工精细。该店首创手工鸡蛋面条，均匀柔软，味道鲜美，经 10 多种工序加工而成，顾客交口称赞，被喻为"神仙难吃刀下面"。在油码配制上，该店选用上等鲜、干原辅料，油码精细，色艳香鲜，尤以杂酱面油码风味独特。长沙“文夕”大火后，两店均被焚毁。1949 年后，“杨裕兴”新建店堂作坊，增加花色品种，与玉楼东、火宫殿、又一村、一路吉祥等兄弟单位强强联手组成长沙饮食集团。年营业额突破 2 亿元，傲然跻身中国餐饮百强之列，续领风骚。

现如今，在杨裕兴吃面，都能看到独门传统术语。常见的术语如下：

落锅起（落锅）——见水跑、面条浮起来就挑起

带迅——熟而不烂

带迅干——带迅、油稍多、不要汤

二排——熟而不熔

熔排——熔而不碎

轻挑——分量少一点

重挑——分量多一点

轻油——油少一点

重油（双油）——油多一点

宽汤——汤稍多

扣汤——汤稍少

免青——不放葱、蒜

免色——不放酱油

过桥——面和码子分开

过桥加码——双份码子过桥

二排干——熟而不熔、不要汤

二排宽汤——熟而不熔、汤稍多

来原——不要码子、多放原汤

一、工艺原理

面团性质：水调面团——冷水面团。

馅心类型：咸馅。

成形方法：切。

成熟方法：煮。

二、操作步骤

（一）实训准备

原料配方、设备、器具、产品规格要求见表 5-5。

表 5-5　杨裕兴面条原料配方、设备、器具、产品规格

用料名称		用量（克）	备注（笔记）
面团	面粉	100	
	精盐	1	
	碱面	0.4	
	清水	45	
码料	玉兰片	100	
	生姜	2	
	精盐	2	
	味精	3	
	酱油	4	
	猪油	10	
	胡椒粉	1	
	麻油	6	

续表

用料名称		用量（克）	备注（笔记）	
码料	葱花	2	产品规格	500 克 / 份
	生粉	2	出品量	1 碗
	瘦肉	50	盛器	汤碗
设备、器具准备				
设备	面案操作台、炉灶、锅			
器具	筷子、汤碗			
成品标准	面条滑爽软嫩、汤鲜、肉丝鲜香			

（二）工艺流程

（1）馅心制作：将瘦肉切成丝状，装入碗内，放少许精盐、味精、酱油、生粉抓匀、锅内放油烧热放入姜丝炒香，放水，倒入肉丝煮熟熬制即可。

（2）面团调制：将面粉倒在案板上，开窝放入精盐、碱面、清水化开，将面粉与水缓缓拨动，拌成雪花状，揉成稍硬浅黄色面坯，饧面 20 分钟，再反复揉擦，至成光洁筋顺面坯，收成面团静置 10 分钟左右。

（3）面皮制作：将面坯搓长，压扁，用走槌推擀成厚度为 0.2 厘米的长方形面皮。

（4）成形技法：将面皮表面撒上淀粉，折叠成长片状，用刀子切成韭菜宽条形，抖散。

（5）成熟工艺：在汤碗中加入味精、酱油、猪油、胡椒粉、麻油、葱花、骨头原汤等。水锅烧沸，倒入面条，煮熟，装于碗中，将肉丝盖在面条上面，撒上葱花即可。

(1)

(2)

(3)

三、质量关键

（1）面团用水量及饧置时间要充足。

（2）面皮擀制厚薄均匀。

（3）折叠面皮时一定要多撒淀粉，否则易粘连。

（4）切制时，要刀工均匀，粗细一致。

（5）煮制时间要恰当，否则易生或烂，影响口感。

四、实训考核

考核内容及评分标准见表 5-6。

表 5-6　杨裕兴面条实训操作考核内容及评分标准

<table>
<tr><th colspan="2">项　　目</th><th colspan="2">评分标准</th><th>分值分配</th><th>扣分原因</th><th>实际得分</th></tr>
<tr><td rowspan="9">操作过程</td><td>原料准备</td><td colspan="2">原料准备到位，原料质量、用量符合要求</td><td>5</td><td></td><td></td></tr>
<tr><td>设备、器具准备</td><td colspan="2">设备、器具准备到位，卫生符合要求，设备运行正常</td><td>5</td><td></td><td></td></tr>
<tr><td>操作时间</td><td colspan="2">90 分钟</td><td>5</td><td></td><td></td></tr>
<tr><td rowspan="5">操作规程</td><td>面团调制</td><td>①面团软硬度适宜
②面团饧置适度</td><td>7</td><td></td><td></td></tr>
<tr><td>制皮</td><td>①皮坯方正，厚薄均匀
②皮坯大小符合要求</td><td>6</td><td></td><td></td></tr>
<tr><td>制馅</td><td>①调味料用量准确
②拌料顺序正确，时机恰当
③面码保持咸鲜细嫩</td><td>5</td><td></td><td></td></tr>
<tr><td>成形</td><td>①形态规范美观
②大小、厚薄均匀
③成品码放整齐</td><td>5</td><td></td><td></td></tr>
<tr><td>成熟</td><td>①水温适当
②煮制时间恰当
③码料煮制时间要恰当</td><td>7</td><td></td><td></td></tr>
<tr><td>卫生习惯</td><td colspan="2">①个人卫生整洁
②工作完成后，工位干净整洁
③操作过程符合卫生规范</td><td>15</td><td></td><td></td></tr>
<tr><td rowspan="4">成品质量</td><td>成品规格</td><td colspan="2">粗细一致、长短相同</td><td>10</td><td></td><td></td></tr>
<tr><td>成品色泽</td><td colspan="2">色泽洁白</td><td>10</td><td></td><td></td></tr>
<tr><td>成品质感</td><td colspan="2">滑爽软嫩</td><td>10</td><td></td><td></td></tr>
<tr><td>成品口味</td><td colspan="2">汤鲜、肉丝鲜香</td><td>10</td><td></td><td></td></tr>
<tr><td colspan="4">合　　计</td><td>100</td><td></td><td></td></tr>
</table>

实训 4　瑶柱肉烧卖制作

瑶柱肉烧卖是湖南特色名点，2016 年，作为株洲地区代表点心入选为 2016 中国食品餐饮博览会之中国八大菜系大师祭拜食祖炎帝大典精品湘点。

一、工艺原理

面团性质：水调面团——冷水面团。

馅心类型：咸馅。

成形方法：包。

成熟方法：蒸。

二、操作步骤

（一）实训准备

原料配方、设备、器具、产品规格要求见表 5-7。

表 5-7 瑶柱肉烧卖原料配方、设备、器具、产品规格

<table>
<tr><th colspan="2">用料名称</th><th>用量（克）</th><th colspan="2">备注（笔记）</th></tr>
<tr><td rowspan="3">面团</td><td>面粉</td><td>100</td><td colspan="2" rowspan="10"></td></tr>
<tr><td>精盐</td><td>1</td></tr>
<tr><td>清水</td><td>45</td></tr>
<tr><td rowspan="10">馅心</td><td>瑶柱</td><td>20</td></tr>
<tr><td>姜末</td><td>2</td></tr>
<tr><td>精盐</td><td>2</td></tr>
<tr><td>味精</td><td>3</td></tr>
<tr><td>酱油</td><td>4</td></tr>
<tr><td>胡椒粉</td><td>2</td></tr>
<tr><td>香油</td><td>6</td></tr>
<tr><td>葱花</td><td>5</td><td>产品规格</td><td>30 克 / 个</td></tr>
<tr><td>骨头汤</td><td>50</td><td>出品量</td><td>12 个</td></tr>
<tr><td>湘西黑猪五花肉</td><td>200</td><td>盛器</td><td>圆碟</td></tr>
<tr><td colspan="5">设备、器具准备</td></tr>
<tr><td>设备</td><td colspan="4">面案操作台、炉灶、锅</td></tr>
<tr><td>器具</td><td colspan="4">蒸笼、圆碟</td></tr>
<tr><td>成品标准</td><td colspan="4">皮薄馅多、软嫩鲜香，呈菊花状</td></tr>
</table>

（二）工艺流程

（1）馅心制作：将五花肉剁成肉泥，加入骨头汤、精盐、姜末，顺着一个方向搅打，直至骨头汤全部打入肉泥内，依次加入葱花、酱油、味精、香油、胡椒粉拌匀备用；瑶柱泡发，洗净，用料酒、葱姜汁浸泡，待腥味去除，捞出加入调好的肉馅中备用。

（2）面团调制：将面粉倒在案板上，开窝放入精盐、清水化开，将面粉与水缓缓拨动，拌成雪花状，揉成稍硬光洁面坯，饧面 5 分钟，再反复揉成光洁筋顺面坯，收成面团静置 10 分钟左右。

（3）面皮制作：将面坯搓长揪剂，逐个将剂子擀成直径为 8 厘米的荷叶边皮坯。

（4）成形技法：将荷叶边皮坯放入左手掌心，右手用竹挑挑入瑶柱肉馅，然后再用右手沿边皮向上收紧，再拢紧，呈菊花状。

（5）成熟工艺：上笼屉用旺火足汽蒸 8 分钟即可。

(1)

(2)

(3)

三、质量关键

（1）面团用水量及饧置时间要充足。

（2）面坯要揉匀揉透。

（3）搓条要粗细均匀。

（4）擀皮时要中间厚边缘薄，呈金钱底、荷叶边状。

（5）成形时要向上拢，叶边要打开呈菊花状。

（6）蒸制时间要恰当，否则易生或坍塌，影响口感和造型。

四、实训考核

考核内容及评分标准见表 5-8。

表 5-8　瑶柱肉烧卖实训操作考核内容及评分标准

<table>
<tr><th colspan="2">项　　目</th><th colspan="2">评分标准</th><th>分值分配</th><th>扣分原因</th><th>实际得分</th></tr>
<tr><td rowspan="9">操作过程</td><td>原料准备</td><td colspan="2">原料准备到位，原料质量、用量符合要求</td><td>5</td><td></td><td></td></tr>
<tr><td>设备、器具准备</td><td colspan="2">设备、器具准备到位，卫生符合要求，设备运行正常</td><td>5</td><td></td><td></td></tr>
<tr><td>操作时间</td><td colspan="2">90 分钟</td><td>5</td><td></td><td></td></tr>
<tr><td rowspan="5">操作规程</td><td>面团调制</td><td>①面团软硬度适宜
②面团饧置适度</td><td>7</td><td></td><td></td></tr>
<tr><td>制皮</td><td>①皮坯方正，厚薄均匀
②皮坯大小符合要求</td><td>6</td><td></td><td></td></tr>
<tr><td>制馅</td><td>①调味料用量准确
②拌料顺序正确，时机恰当</td><td>5</td><td></td><td></td></tr>
<tr><td>成形</td><td>①形态规范美观
②大小、厚薄均匀
③成品码放整齐</td><td>5</td><td></td><td></td></tr>
<tr><td>成熟</td><td>①水温适当
②蒸制时间恰当</td><td>7</td><td></td><td></td></tr>
<tr><td>卫生习惯</td><td colspan="2">①个人卫生整洁
②工作完成后，工位干净整洁
③操作过程符合卫生规范</td><td>15</td><td></td><td></td></tr>
<tr><td rowspan="4">成品质量</td><td>成品规格</td><td colspan="2">形似菊花</td><td>10</td><td></td><td></td></tr>
<tr><td>成品色泽</td><td colspan="2">色泽洁白</td><td>10</td><td></td><td></td></tr>
<tr><td>成品质感</td><td colspan="2">皮薄馅多</td><td>10</td><td></td><td></td></tr>
<tr><td>成品口味</td><td colspan="2">软嫩鲜香</td><td>10</td><td></td><td></td></tr>
<tr><td colspan="4">合　　计</td><td>100</td><td></td><td></td></tr>
</table>

【名词注释】

烧卖：又称烧麦，是大众喜爱的食品之一。长沙火宫殿、玉楼东的菊花烧卖更是深受长沙人的喜爱。菊花烧卖包皮透亮，味咸椒香，顶端开口处用蛋黄点缀成菊花瓣状，更显雅致。

实训 5　三丝春卷制作

春卷又称春饼、薄饼，是民间节日的一种传统面食，除供自己家食用外，常用于待客。春卷流行于中国各地，在湖南尤盛。三丝春卷是湖南长沙地区特色传统小吃，春卷的特点是香脆、绵软、多汁、鲜嫩，其馅更是使用了湖南特色的湘西腊肉、鱿鱼丝、香椿头、韭黄等原料，季节性非常强。

一、工艺原理

面团性质：水调面团——冷水面团。

馅心类型：咸馅。

成形方法：包。

成熟方法：炸。

二、操作步骤

（一）实训准备

原料配方、设备、器具、产品规格要求见表 5–9。

表 5–9　三丝春卷原料配方、设备、器具、产品规格

用料名称		用量（克）	备注（笔记）
面团	面粉	100	
	精盐	1	
	清水	55	
馅心	精盐	2	
	白糖	2	
	味精	3	
	骨头汤	30	

续表

用料名称		用量（克）	备注（笔记）	
馅心	水淀粉	30		
	熟猪油	80		
	料酒	2		
	香椿	100		
	泡发鱿鱼	70	产品规格	25 克 / 个
	湘西腊肉	70	出品量	20 个
	熟菜籽油	200（耗约 30）	盛器	圆碟
设备、器具准备				
设备	面案操作台、炉灶、鏊板（或平锅）			
器具	筷子、圆碟			
成品标准	色泽金黄，外皮松脆，馅心鲜嫩，形似金条			

（二）工艺流程

（1）馅心制作：将香椿择洗干净，洗净后放入沸水锅中烫一下即捞出甩干水分。腊肉、鱿鱼切丝，再加水淀粉拌匀上浆，炒锅置火上，加入猪油烧至 120℃左右时，投入腊肉丝、鱿鱼丝滑散成熟后捞出。另锅内留油，下入骨头汤、精盐、料酒、白糖、味精烧沸，用水淀粉勾芡后再将熟肉丝倒入拌匀，取出倒入盆中，最后倒入香椿拌匀成馅备用。

（2）面团调制：将面粉放在盆内，分次加入清水、盐拌和均匀，反复调制，甩拍至面团具有很大的韧性，然后摊平面浆，徐徐倒入清水淹没浆团（制皮时再将水倒去），不使其风干结皮，静置 60 分钟左右。

（3）面皮制作：取鏊板（或平锅）放在小火上烘热，用油纸擦光滑并烧热，一手捞起一小块静置后的面浆不停地甩动，不使浆团下落，然后把浆团下垂至锅中间，自内向外顺时针方向沾一圈，摊成 15 厘米直径圆形薄皮（纸样薄），随即将浆团向上一提，浆团即缩回手中，待薄皮变色、边缘微翘起后立即揭起翻身略烘，取出叠在一起以防干裂，依次逐一摊完（约 60 张）。

（4）成形技法：取一张坯皮（光面朝上）放在面板上，另取馅心约 15 克放在坯皮的一边，包卷成长 7 厘米、宽 3 厘米圆中带扁形的长卷，并用少量面浆水封口，即成生坯。

（5）成熟工艺：锅内放入熟菜籽油，旺火烧至 180℃左右时，将春卷生坯逐个投入，边炸边翻动至淡黄色时捞出，待油温再次升高后复炸至金黄色捞出即成。

（1）

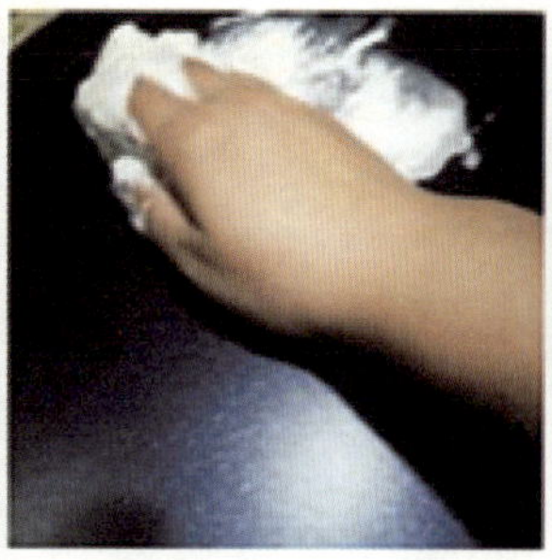
（2）

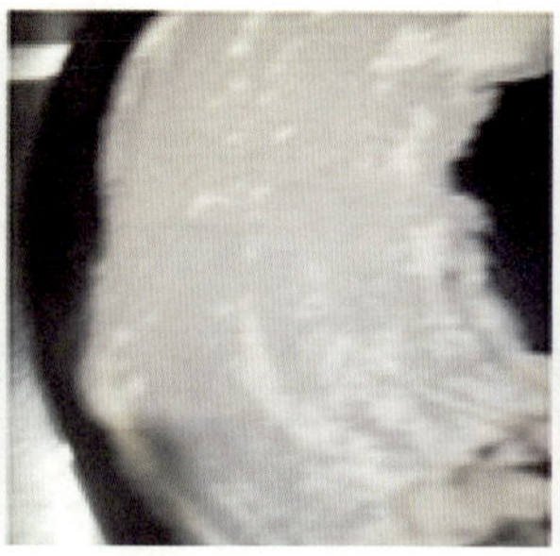
（3）

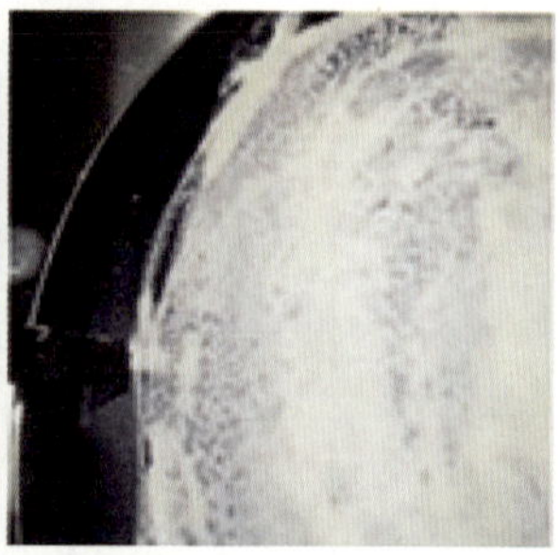
（4）

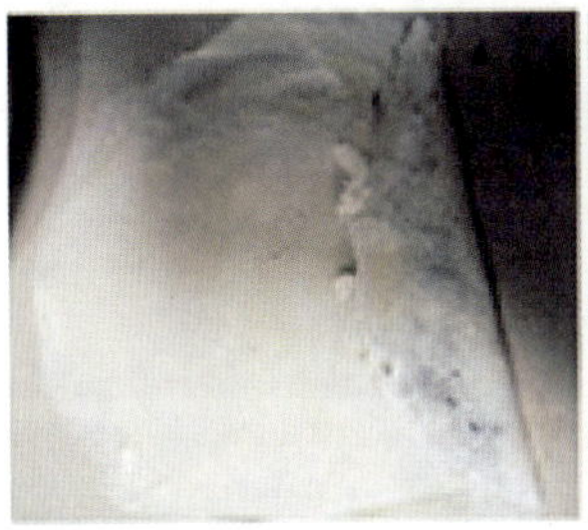
(5)

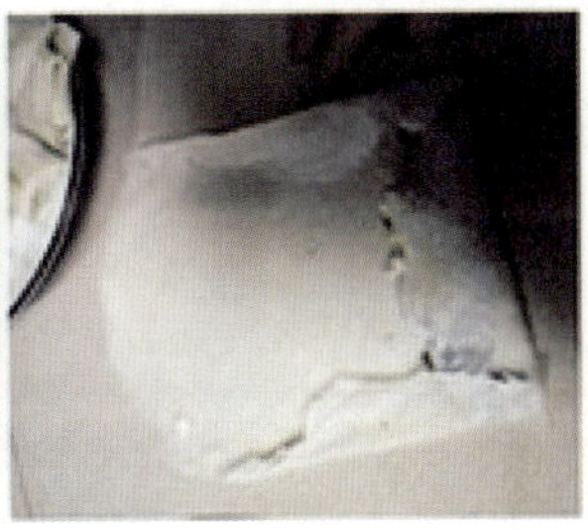
(6)

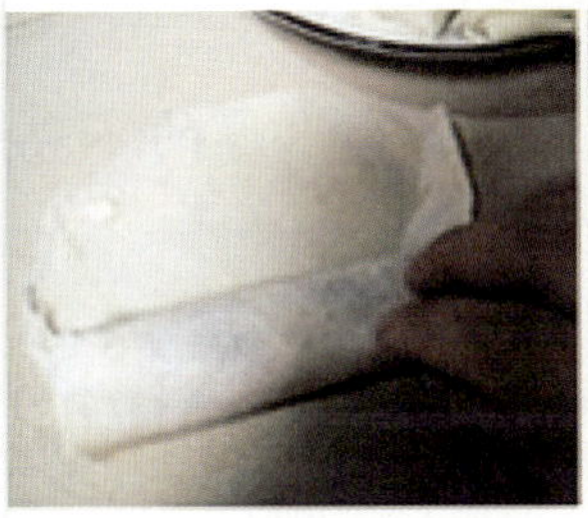
(7)

(8)

三、质量关键

（1）面团用水量及饧置时间要充足。

（2）面坯要揉匀揉透。

（3）饧好的面团要抓在手上不停地溜，否则会脱离手掌。

（4）摊面皮时要将锅擦净，抹极少的油，否则易粘底或不粘而影响面皮形状。

（5）成形时要卷紧，并且将两头和收口用浆水粘牢。

（6）炸制时间和油温要恰当，否则影响口感和造型。

四、实训考核

考核内容及评分标准见表 5–10。

表 5–10　三丝春卷实训操作考核内容及评分标准

<table>
<tr><th colspan="2">项　目</th><th colspan="2">评分标准</th><th>分值分配</th><th>扣分原因</th><th>实际得分</th></tr>
<tr><td rowspan="9">操作过程</td><td>原料准备</td><td colspan="2">原料准备到位，原料质量、用量符合要求</td><td>5</td><td></td><td></td></tr>
<tr><td>设备、器具准备</td><td colspan="2">设备、器具准备到位，卫生符合要求，设备运行正常</td><td>5</td><td></td><td></td></tr>
<tr><td>操作时间</td><td colspan="2">90 分钟</td><td>5</td><td></td><td></td></tr>
<tr><td rowspan="5">操作规程</td><td>面团调制</td><td>①面团软硬度适宜
②面团饧置适度</td><td>7</td><td></td><td></td></tr>
<tr><td>制皮</td><td>①皮坯圆整，厚薄均匀
②皮坯大小符合要求</td><td>6</td><td></td><td></td></tr>
<tr><td>制馅</td><td>①调味料用量准确
②拌料顺序正确，时机恰当</td><td>5</td><td></td><td></td></tr>
<tr><td>成形</td><td>①形态规范美观
②大小、厚薄均匀
③成品码放整齐</td><td>5</td><td></td><td></td></tr>
<tr><td>成熟</td><td>①水温适当
②炸制时间恰当</td><td>7</td><td></td><td></td></tr>
<tr><td>卫生习惯</td><td colspan="2">①个人卫生整洁
②工作完成后，工位干净整洁
③操作过程符合卫生规范</td><td>15</td><td></td><td></td></tr>
<tr><td rowspan="4">成品质量</td><td>成品规格</td><td colspan="2">形似金条</td><td>10</td><td></td><td></td></tr>
<tr><td>成品色泽</td><td colspan="2">色泽金黄</td><td>10</td><td></td><td></td></tr>
<tr><td>成品质感</td><td colspan="2">外皮松脆</td><td>10</td><td></td><td></td></tr>
<tr><td>成品口味</td><td colspan="2">馅心鲜嫩</td><td>10</td><td></td><td></td></tr>
<tr><td colspan="4">合　计</td><td>100</td><td></td><td></td></tr>
</table>

【名词注释】

鏊板：下面可以生火，表面有很厚的不粘平面，一般用来煎或烙。

任务二　温水面团品种制作

温水面团是用面粉与温水（水温为50℃左右）调制而成的面团，属于水调面团的一种。因为掺入的水温与蛋白质热变性和淀粉糊化温度接近，所以温水面团中的淀粉和蛋白质都起作用，但其作用既不像冷水面团，又不像热水面团，而是介于两者之间，因而可以形成一定的筋力，但筋力又不如冷水面团；淀粉虽然膨胀，吸水性增强，但只是部分糊化，面团虽较黏柔，但黏柔性又比热水面团差，其结果自然就形成了温水面团具有一定韧性，又较柔软的特性。在餐饮行业，温水面团一般用于制作具有造型的花色点心，属于高档宴席品种，制作精细、工艺性强、寓意较好，如一品饺、鸳鸯饺、四喜饺、梅花饺、冠顶饺、白菜饺等。

实训　四喜蒸饺制作

中式面点有句话："制作点心有两套半技术，一套是发酵技术，另一套是制作花色点心，半套是制馅。"湘点也不例外，如四喜蒸饺是花色点心中的一种，是湖南一道特色点心，将红(火腿)、黄（蛋黄）、黑（木耳或香菇）、青（青菜）装饰在饺子四角，以示喜庆，寓意四喜临门，常用在高级的喜庆宴席上。蒸饺形态美观，色泽分明，鲜咸味美。

一、工艺原理

面团性质：水调面团——温水面团。

馅心类型：咸馅。

成形方法：捏。

成熟方法：蒸。

二、操作步骤

（一）实训准备

原料配方、设备、器具、产品规格要求见表 5-11。

表 5-11　四喜蒸饺原料配方、设备、器具、产品规格

用料名称		用量（克）	备注（笔记）	
面团	面粉	150		
	温水	75		
馅心	猪前腿肉	100		
	精盐	2		
	味精	3		
	料酒	2		
	香菇末	5		
	姜末	3		
	骨头汤	20		
	火腿肠	1 根	产品规格	22 克 / 个
	鸡蛋	2 个	出品量	16 个
	莴笋	1/5 根	盛器	圆碟
设备、器具准备				
设备	面案操作台、炉灶、锅			
器具	筷子、蒸笼、圆碟			
成品标准	造型美观、色彩艳丽、形态饱满、皮薄软韧、馅嫩味鲜			

（二）工艺流程

（1）馅心制作：将猪前腿肉洗净，绞成肉末，放入盆内，加入精盐、料酒、姜末、骨头汤搅拌上劲，同时放入味精、香菇末拌匀成馅心。将莴笋洗净、焯水切碎，火腿肠炸香切碎，鸡蛋煮熟分别把蛋白切碎和蛋黄捏碎。

（2）面团调制：将面粉倒在案板上，开窝，加入温水调制面坯，收成面团静置 10 分钟左右。

（3）面皮制作：将面坯搓成长条，揪出 16 个坯剂，用擀面杖逐个擀制成直径 9 厘米的圆皮。

（4）成形技法：将馅心放于圆皮中间，将圆皮均匀分成四份向中间捏拢，形成四个大眼，每个大眼的边与边叠捏粘住，中间形成四个小眼，再在每个大眼的角上捏尖，在四个大眼中分别点缀青菜末、火腿末、蛋黄末、香菇末，即成四喜饺生坯。

（5）成熟工艺：将花色蒸饺上笼屉，用旺火足汽蒸制 8 分钟，出笼，装盘。

(1)

(2)

(3)

(4)

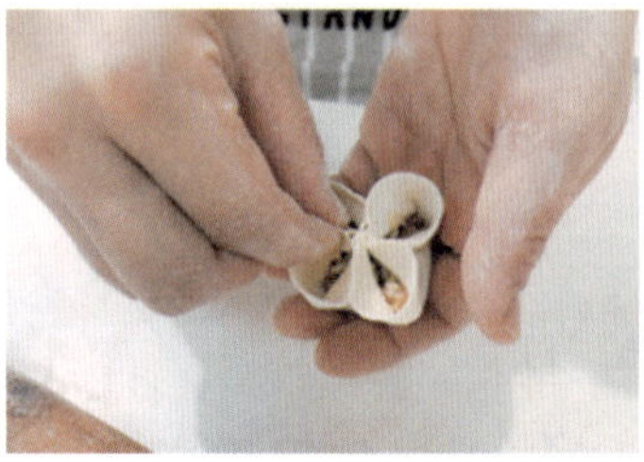
(5)

(6)

三、质量关键

（1）面团用水量及饧置时间要充足。

（2）擀皮要厚薄一致，分孔要大小均匀。

（3）上馅后要捏紧接口部分。

（4）上装饰料顺序要先浅后深，避免颜色相互混淆。

（5）蒸制时间不宜过长，否则皮坯易垮塌，影响造型。

四、实训考核

考核内容及评分标准见表 5-12

表 5-12　四喜蒸饺实训操作考核内容及评分标准

项目			评分标准	分值分配	扣分原因	实际得分
操作过程	原料准备		原料准备到位，原料质量、用量符合要求	5		
	设备、器具准备		设备、器具准备到位，卫生符合要求，设备运行正常	5		
	操作时间		90 分钟	5		
	操作规程	面团调制	①面团软硬度适宜 ②面团饧置适度	7		
		制皮	①皮坯圆整，厚薄均匀 ②皮坯大小符合要求	6		
		制馅	①调味料用量准确 ②拌料顺序正确，时机恰当 ③馅心保持咸鲜细嫩	5		
		成形	①形态规范美观 ②大小、厚薄均匀 ③成品码放整齐	5		
	操作规程	成熟	①旺火足汽 ②煮制时间恰当	7		
	卫生习惯		①个人卫生整洁 ②工作完成后，工位干净整洁 ③操作过程符合卫生规范	15		

续表

项目		评分标准	分值分配	扣分原因	实际得分
成品质量	成品规格	大小一致、大小孔均匀、造型美观	10		
	成品色泽	色彩艳丽、形态饱满	10		
	成品质感	皮薄软韧	10		
	成品口味	馅嫩味鲜、营养丰富	10		
合计			100		

任务三 热水面团品种制作

热水面团是用面粉与热水（水温为80℃以上）调制而成的面团，属于水调面团的一种。热水面团与冷水面团相反，水温既可使蛋白质变性又可使淀粉膨胀糊化，所以热水面坯的本质，主要由淀粉起作用，即淀粉的热膨胀和糊化，可大量吸水并和水溶合成面坯。同时，淀粉糊化后黏度增强，因此热水面坯变得黏、柔并略带甜味；蛋白质变性后，面筋胶体被破坏，无法形成面筋网络结构，形成热水面坯筋力小、韧性差的特性。热水面团，在餐饮行业中主要运用在日常品种中，制作精巧，如长沙向群锅饺、牛角形蒸饺和馅饼等。

实训 牛角形蒸饺制作

牛角形蒸饺为湘点特色品种，尤其以火宫殿的罗三蒸饺较为著名。牛角形蒸饺是一道以面粉、前腿肉为主要原料，色拉油、盐、高汤等为辅料做成的小吃，因为形似水牛角而得名。与淮扬名点月牙蒸饺在外形和馅心上有很大区别。

一、工艺原理

面团性质：水调面团——热水面团。

馅心类型：咸馅。

成形方法：捏。

成熟方法：蒸。

二、操作步骤

（一）实训准备

原料配方、设备、器具、产品规格要求见表 5-13。

表 5-13　牛角形蒸饺原料配方、设备、器具、产品规格

用料名称		用量（克）	备注（笔记）	
面团	面粉	150		
	热水	75		
	猪油	6		
馅心	前腿肉	150		
	精盐	10		
	味精	5		
	酱油	10		
	葱花、姜末	20		
	肉皮冻	150	产品规格	25 克 / 个
	香油	2	出品量	22 个
	熟菜籽油	50	盛器	圆碟
设备、器具准备				
设备	面案操作台、炉灶、平底锅			
器具	圆碟			
成品标准	色泽金黄、坯皮上部柔中有劲、底部焦黄香脆、馅心鲜嫩可口			

（二）工艺流程

（1）馅心制作：先将前腿肉洗净绞成肉末，放入盆内加入精盐、酱油、葱花、姜末、味精搅打上劲，再逐次加入清水搅打上劲；肉皮冻剁成细末，拌入肉馅中搅匀备用。

（2）面团调制：将面粉倒在案板上，倒入热水快速调和拌匀，擦匀擦透，摊开晾凉，略揉成面团静置 5 分钟左右。

（3）面皮制作：将面团搓条揪剂，逐个擀成直径为 6 厘米的圆皮。

（4）成形技法：左手托皮，右手上馅，然后将皮子对边折捏成长条饺形生坯。

（5）成熟工艺：将平锅放在火上烧热，下入菜籽油滑锅，再将饺子生坯在锅中摆放成葵花状，加入适量的水，盖上锅盖，用中火焖煮至水将干时再加入少量油于锅中，并不停地转动，使饺子离锅滑动，待饺子底部呈金黄色出锅装盘。

(1)

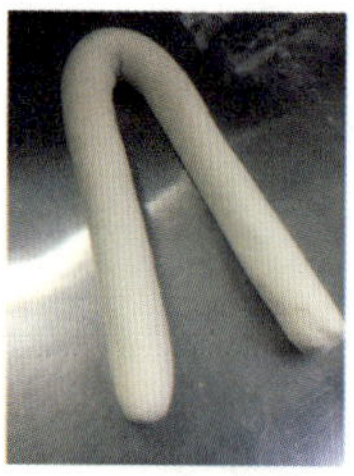
(2)

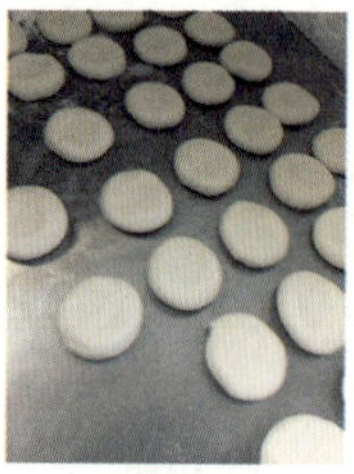
(3)

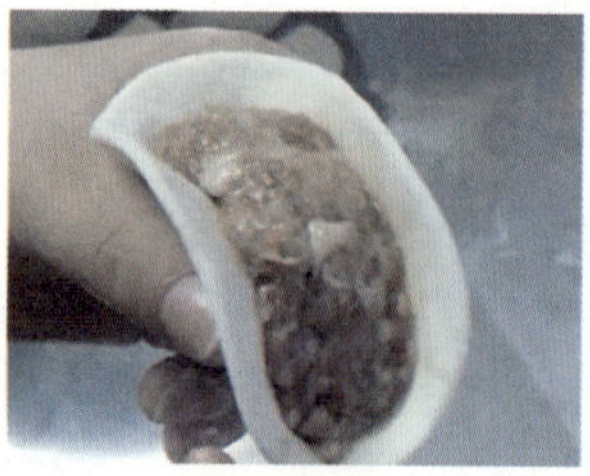
(4)

(5)

三、质量关键

(1)面团用水量及饧置时间要充足。

(2)面团要烫熟、烫透。

(3)擀皮要厚薄均匀。

(4)时间不宜过长，否则皮胚易垮塌，影响造型。

四、实训考核

考核内容及评分标准见表5–14。

表5–14 牛角形蒸饺实训操作考核内容及评分标准

项目		评分标准		分值分配	扣分原因	实际得分
操作过程	原料准备	原料准备到位，原料质量、用量符合要求		5		
	设备、器具准备	设备、器具准备到位，卫生符合要求，设备运行正常		5		
	操作时间	90分钟		5		
	操作规程	面团调制	①面团软硬度适宜 ②面团饧置适度	7		
		制皮	①皮坯方正，厚薄均匀 ②皮坯大小符合要求	6		
		制馅	①调味料用量准确 ②拌料顺序正确，时机恰当 ③馅心保持咸鲜细嫩	5		
		成形	①形态规范美观 ②大小、厚薄均匀 ③成品码放整齐	5		
		成熟	①水温适当 ②煎制时间恰当	7		
	卫生习惯	①个人卫生整洁 ②工作完成后，工位干净整洁 ③操作过程符合卫生规范		15		
成品质量	成品规格	大小一致、形似牛角		10		
	成品色泽	色泽金黄		10		
	成品质感	坯皮上部柔中有劲、底部焦黄香脆		10		
	成品口味	馅心鲜嫩、可口多汁		10		
合计				100		

项目测试

一、单项选择题

1. 不属于水调面团的是（　　）。

A. 生物膨松面团　　B. 冷水面团　　C. 温水面团　　D. 热水面团

2. 下列不属于水调面团的品种是（　　）。

A. 绉纱馄饨　　B. 杨裕兴面条　　C. 德园包子　　D. 瑶柱肉烧卖

3. 下列属于热水面团的品种是（　　）。

A. 牛角形蒸饺　　B. 四喜蒸饺

C. 三丝春卷　　D. 宁乡沙田肉包

4. 长沙向群锅饺与（　　）大致相同。

A. 四喜蒸饺　　B. 牛角形蒸饺　　C. 响铃馄饨　　D. 瑶柱肉烧卖

二、判断题

1. 冷水面团俗称“呆面”“死面”,是用面粉与冷水（水温为30℃以下）调制而成的面团，属于水调面团的一种。（　　）

2. 湖南绉纱馄饨，因皮薄而透，馅少而精、飘逸轻薄、纯洁淡雅、薄如轻纱、入口即化，被誉为馄饨界的“萝莉少女”。绉纱是对馄饨皮薄如纸张的雅称。（　　）

3. 响铃馄饨油炸时要放入三成油温中炸制，待色泽金黄捞出，沥干油汁。将烧开的码料趁热淋入炸制好的馄饨碗中，伴有“呲呲呲呲”的响声即可。（　　）

4. 杨裕兴面条其实就是刀削面。（　　）

5. 瑶柱肉烧卖是湖南特色名点，馅料与普通糯米烧卖一样。（　　）

6. 湘宾春卷是湖南长沙地区特色传统小吃，春卷的特点是香脆、绵软、多汁、鲜嫩，其馅更是使用了湖南特色的湘西腊肉、鱿鱼丝、香椿头、韭黄等原料，季节性非常强。（　　）

7. 四喜蒸饺与长沙向群锅饺、牛角形蒸饺一样，都属于热水面团制品。（　　）

项目六　膨松面团品种制作

职业能力目标

- 了解膨松面团的概念、形成原理及其影响
- 熟悉膨松面团的原料、辅助原料、制馅原料、调味原料的性质与用途
- 掌握膨松面团的操作过程在面点制作中的工艺性能
- 能够熟练地制作膨松面团品种

典型岗位任务

- 辨识与使用膨松面团的常用辅助设备与工具
- 熟悉膨松面团的操作步骤
- 掌握膨松面团品种的质量关键
- 熟知膨松面团品种的评分标准

案例导入

旅居外地的游子，会格外怀念家乡的味道，故乡山川的一草一木总让人感慨不已。杨老板长期在远离家乡的广东打拼做面点生意，后来得知家乡的兄弟创立的包子品牌——“粮帮主”极受欢迎，了解后毅然加入。经粮帮主团队的专业拓展，杨老板在选址时，看中了一家土包子店的铺面。当时，这家土包子店的日营业额保持在1000元左右，经过多番考察与沟通，杨老板决定出资拿下这个铺面。结果，开业第一天就极其火爆，营业额比当初的土包子铺多了5倍！由于粮帮主口味地道，番禺的食客纷至沓来！

世界上的事情从来都是利弊相连的。在繁华地段开店，潜在食客自然多，但是竞争也更激烈。杨老板选址番禺，既看到了这里餐饮市场的活跃，也是对粮帮主包子的充分自信。

任务一　生物膨松面团制作

生物膨松面团是膨松面团的一种，是在面粉中加入酵母（或面肥）及水调制后经发酵而

成的面团，是面点制作工艺中最为常用的面团之一。由于酵母菌利用面粉中的糖类为营养，繁殖并生成大量二氧化碳气体，气体为面粉中蛋白所形成的面筋网络包被，使面团膨胀松发，熟制后形成暄软的风味特点。

实训 1　德园包子制作

“杨裕兴的面，徐长兴的鸭，德园的包子真好呷。”德园包子是湖南长沙地区的传统小吃之一。1875 年（光绪元年），德园的创始人谭盛德夫妇从湘阴来到长沙，在八角亭附近的臬后街（今解放西路）盘下一个小门面，定名“德园小吃馆”，德园包子从此诞生，后迁店于黄兴路樊西巷口（现人民路与黄兴路步行街交界处），以官府菜、点招徕食客。因菜肴制作总有海味鲜货等上乘余料留下，为免浪费，故将其剁碎，拌入包点馅芯，谁知这竟使他们的包点风味宜人，备受青睐。从此，德园包子名声大振，遂有“出笼热喷喷，白色皮暄松，玫瑰甜香美，香菇爽鲜嫩”的民谣之赞。长沙“文夕”大火后，原班部分师傅重新集资，再度建店，取名德园茶馆，继续经营饭菜、包点，并逐步形成驰名长沙的“八大名包”（玫瑰白糖包、香菇鲜肉包、白糖盐菜包、水晶白糖包、麻茸包、金钩鲜肉包、瑶柱鲜肉包、叉烧包）。德园经历百年风雨的关键在于品质过硬，一直坚持使用老面发酵，严格把控发面的温度和时间，而且选料精细，糖馅香甜爽口，肉馅则选用猪前夹心肉或好瘦肉，拌以香菇、笋干、葱姜、冻油等调料，蒸好的包子洁白松软、皮薄馅大、麦香四溢、富有弹性、口感有嚼劲。

一、工艺原理

面团性质：膨松面团——生物膨松面团。

馅心类型：甜馅。

成形方法：包。

成熟方法：蒸。

二、操作步骤

（一）实训准备

原料配方、设备、器具、产品规格要求见表 6-1。

表 6-1 德园包子（白糖盐菜包）原料配方、设备、器具、产品规格

用料名称		用量（克）	备注（笔记）	
面团	面粉	500		
	老面	25		
	纯碱	1 ~ 2		
	白糖	25		
	清水	230		
馅心	盐菜	150		
	白酒	少量		
	白糖	200		
	猪肥膘肉	80	产品规格	70 克 / 个
	茶油	30	出品量	16 个
	盐	2	盛器	编筐
设备、器具准备				
设备	面案操作台、炉灶、锅、烤箱			
器具	电子秤、饧板、蒸笼、编筐			
成品标准	色白暄软、褶纹清晰、形似秋叶、馅香甜润			

（二）工艺流程

（1）馅心制作：选乌黑色梅干盐菜，去老茎叶清洗干净，并用清水浸泡，拧干水分，切成细末，入锅用温火炒干水分后取出。锅中烧热油，倒入已经炒干水分的盐菜，下食盐，不停翻炒，直至盐菜呈诱人的亮黑色、香味浓郁时即可出锅、摊凉。肥膘肉切成小丁装入盆内，加入白酒、盐、白糖拌匀腌制两天后取出，将其撒一层在炒熟的盐菜末上，放入蒸笼旺火足气蒸制 40 分钟，取出冷却即成盐菜馅。

（2）面团调制:500 克面粉置于案板上，开窝加入老面、白糖、清水搅拌均匀调制成面团，兑入适量碱水，揉匀揉透至表面光滑，色泽均匀时收成面团静置 10 分钟左右。

（3）面皮制作：将醒制好的面团搓成长条，下剂 16 个（每个约 45 克），用擀面杖擀成中间稍厚边缘稍薄的圆形面皮。

（4）成形技法：将皮坯放在左手掌心上，右手挑入馅心，用右手拇指和食指捏褶收口捏拢即成生坯。

（5）成熟工艺：将生坯逐个置于饧板上摆放整齐，将其放入 50℃ ~ 60℃的烤箱内，静置发酵，见生坯膨胀光洁，表面起一层光洁的薄软壳时取出，并逐个摆入蒸笼内，旺火足汽蒸制 15 分钟即可取出装盘。

(1)

(2)

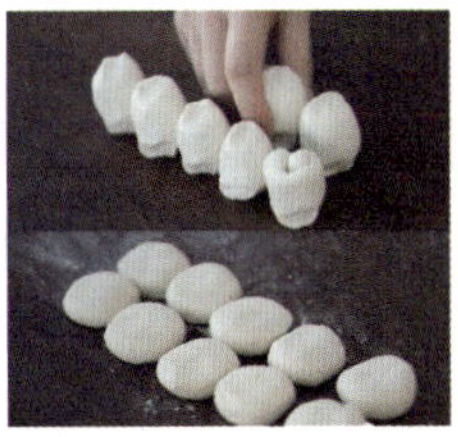
(3)

(4)

三、质量关键

（1）面团用水量及发酵时间要充足。

（2）面皮要中间厚边缘薄。

（3）包制时注意皮馅比，防止底部透油、口部漏油。

（4）掌握捏褶手法，褶纹均匀清晰。

（5）蒸制时间要恰当，否则会影响口感。

四、实训考核

考核内容及评分标准见表6-2。

表6-2 德园包子（白糖盐菜包）实训操作考核内容及评分标准

<table>
<tr><th colspan="2">项目</th><th colspan="2">评分标准</th><th>分值分配</th><th>扣分原因</th><th>实际得分</th></tr>
<tr><td rowspan="9">操作过程</td><td>原料准备</td><td colspan="2">原料准备到位，原料质量、用量符合要求</td><td>5</td><td></td><td></td></tr>
<tr><td>设备、器具准备</td><td colspan="2">设备、器具准备到位，卫生符合要求，设备运行正常</td><td>5</td><td></td><td></td></tr>
<tr><td>操作时间</td><td colspan="2">90分钟</td><td>5</td><td></td><td></td></tr>
<tr><td rowspan="5">操作规程</td><td>面团调制</td><td>①面团软硬度适宜
②面团揉制适度</td><td>7</td><td></td><td></td></tr>
<tr><td>制皮</td><td>①皮坯圆整，中间厚边缘薄
②皮坯大小符合要求</td><td>6</td><td></td><td></td></tr>
<tr><td>制馅</td><td>①调味料用量准确
②拌料顺序正确，时机恰当
③馅心保持香甜</td><td>5</td><td></td><td></td></tr>
<tr><td>成形</td><td>①形态规范美观
②大小、厚薄均匀
③成品码放整齐</td><td>5</td><td></td><td></td></tr>
<tr><td>成熟</td><td>①水温适当
②水量适当
③蒸制时间恰当</td><td>7</td><td></td><td></td></tr>
<tr><td>卫生习惯</td><td colspan="2">①个人卫生整洁
②工作完成后，工位干净整洁
③操作过程符合卫生规范</td><td>15</td><td></td><td></td></tr>
<tr><td rowspan="4">成品质量</td><td>成品规格</td><td colspan="2">形似秋叶</td><td>10</td><td></td><td></td></tr>
<tr><td>成品色泽</td><td colspan="2">色白暄软</td><td>10</td><td></td><td></td></tr>
<tr><td>成品质感</td><td colspan="2">褶纹清晰</td><td>10</td><td></td><td></td></tr>
<tr><td>成品口味</td><td colspan="2">馅香甜润</td><td>10</td><td></td><td></td></tr>
<tr><td colspan="4">合计</td><td>100</td><td></td><td></td></tr>
</table>

实训2 宁乡沙田肉包制作

宁乡沙田包子历史悠久，在湖南素有“十家包子铺，八家沙田人”之说，因此宁乡也被评为全国第五个“面点师之乡”，并且宁乡沙田包子已被列入宁乡市非物质文化遗产名录。沙田包子种类繁多，较有名、较传统的要数花猪肉包，为了让包子的口感既有北方包点的韧劲，又有南方包点的松软，沙田包子在面粉的选择上极为苛刻，按照百年传承配比独家面粉，而在馅料的用材上，也只选来自流沙河镇草冲村的正宗土花猪，这种猪肉较普通猪肉具有胆固醇含量低、口感好、肉味香浓等特点，因此做出的包子色白嫩软、形挺劲道、馅香诱人。

一、工艺原理

面团性质：膨松面团——生物膨松面团。

馅心类型：咸馅。

成形方法：包。

成熟方法：蒸。

二、操作步骤

（一）实训准备

原料配方、设备、器具、产品规格要求见表 6-3。

表 6-3 宁乡沙田肉包原料配方、设备、器具、产品规格

<table>
<tr><th colspan="2">用料名称</th><th>用量（克）</th><th colspan="2">备注（笔记）</th></tr>
<tr><td rowspan="5">面团</td><td>面粉</td><td>500</td><td colspan="2" rowspan="10"></td></tr>
<tr><td>老面</td><td>100</td></tr>
<tr><td>纯碱</td><td>1 ~ 2</td></tr>
<tr><td>白糖</td><td>30</td></tr>
<tr><td>清水</td><td>220</td></tr>
<tr><td rowspan="10">馅心</td><td>宁乡土花猪肉</td><td>300</td></tr>
<tr><td>香菇</td><td>60</td></tr>
<tr><td>姜末</td><td>1</td></tr>
<tr><td>葱花</td><td>30</td></tr>
<tr><td>盐</td><td>5</td></tr>
<tr><td>味精</td><td>2</td></tr>
<tr><td>酱油</td><td>3</td></tr>
<tr><td>胡椒粉</td><td>2</td><td>产品规格</td><td>90 克 / 个</td></tr>
<tr><td>骨头汤</td><td>100</td><td>出品量</td><td>14 个</td></tr>
<tr><td>香油</td><td>8</td><td>盛器</td><td>位碟</td></tr>
<tr><td colspan="5">设备、器具准备</td></tr>
<tr><td>设备</td><td colspan="4">面案操作台、炉灶、锅</td></tr>
<tr><td>器具</td><td colspan="4">电子秤、饧板、蒸笼、位碟</td></tr>
<tr><td>成品标准</td><td colspan="4">色白暄软、褶纹清晰、形似荸荠、馅香可口</td></tr>
</table>

（二）工艺流程

（1）馅心制作：将新鲜花猪肉剁成泥后放入盆内，加入盐、味精、酱油、骨头汤用力搅打至肉质起胶，干香菇泡发后切成小丁，将香菇、姜末、葱花三种配料倒入肉泥中，再加入胡椒粉、香油搅拌均匀即成馅，放入冰箱冷冻 1 小时。

（2）面团调制：将 500 克面粉置于案板上，开窝加入老面、白糖、清水搅拌均匀调制成面团，兑入适量碱水，揉匀揉透至表面光滑，色泽均匀时收成面团静置 10 分钟左右。

（3）面皮制作：将醒制好的面团搓成长条，下剂 14 个（60 克 / 个），用擀面杖擀成中间稍厚边缘稍薄的圆形面皮。

（4）成形技法：将皮坯放在左手掌心上，右手挑入馅心，用右手拇指和食指提褶收口捏拢即成生坯。

（5）成熟工艺：将生坯逐个置于饧板上摆放整齐，将其放入 50℃ ~ 60℃的烤箱内，静置发酵，见生坯膨胀光洁，表面起一层光洁的薄软壳时取出，并逐个摆入蒸笼内，旺火足气蒸制 15 分钟即可取出装盘。

(1)

(2)

(3)

(4)

三、质量关键

（1）面团用水量及发酵时间要充足。

（2）面皮要中间厚边缘薄。

（3）包制时注意皮馅比，防止底部透油、口部漏油。

（4）掌握提褶手法，折纹均匀清晰。

（5）蒸制时间要恰当，否则不熟。

四、实训考核

考核内容及评分标准见表 6-4。

表 6-4　宁乡沙田肉包实训操作考核内容及评分标准

项　目		评分标准		分值分配	扣分原因	实际得分
操作过程	原料准备	原料准备到位，原料质量、用量符合要求		5		
	设备、器具准备	设备、器具准备到位，卫生符合要求，设备运行正常		5		
	操作时间	90 分钟		5		
	操作规程	面团调制	①面团软硬度适宜 ②面团揉制适度	7		
		制皮	①皮坯圆整，中间厚边缘薄 ②皮坯大小符合要求	6		

续表

项目		评分标准		分值分配	扣分原因	实际得分
操作过程	操作规程	制馅	①调味料用量准确 ②拌料顺序正确，时机恰当 ③馅心保持咸鲜	5		
		成形	①形态规范美观 ②大小、厚薄均匀 ③成品码放整齐	5		
		成熟	①水温适当 ②水量适当 ③蒸制时间恰当	7		
	卫生习惯	①个人卫生整洁 ②工作完成后，工位干净整洁 ③操作过程符合卫生规范		15		
成品质量	成品规格	形似荸荠		10		
	成品色泽	色泽皎白		10		
	成品质感	口感暄软		10		
	成品口味	馅香可口		10		
合计				100		

实训 3　芙蓉包制作

湖南自古盛植木芙蓉。“芙蓉国”之名人尽皆知。2012 年 10 月 26 日开工建设的长沙梅溪湖国际文化艺术中心，其造型犹如一朵朵美丽的芙蓉花，绽放在梅溪湖畔，因而更加彰显“芙蓉国”之雅称。在深厚的饮食文化下，湘点师傅们精心设计、巧手制作的一款包子因形似芙蓉花而得名芙蓉包，其造型美观，馅鲜味美，是湖南筵席点心的独特品种，更是体现湖南深厚饮食文化的著名湘点品种。

一、工艺原理

面团性质：膨松面团——生物膨松面团。

馅心类型：咸馅。

成形方法：包。

成熟方法：蒸。

二、操作步骤

（一）实训准备

原料配方、设备、器具、产品规格要求见表 6-5。

表 6-5　芙蓉包原料配方、设备、器具、产品规格

用料名称		用量（克）	备注（笔记）	
面团	面粉	500		
	酵母	5		
	泡打粉	7		
	白糖	40		
	温水	260		
	猪油	20		
馅心	五花肉	300		
	基围虾	80		
	鸡蛋	1 个		
	姜末	15		
	葱花	30		
	盐	4		
	味精	10		
	酱油	25		
	猪油	100		
	骨头汤	100		
	香油	8	产品规格	90 克 / 个
	色拉油	500（实耗 20）	出品量	14 个
	熟鸡蛋黄	5 个	盛器	圆碟
设备、器具准备				
设备	面案操作台、炉灶、锅			
器具	电子秤、饧板、蒸笼、圆碟			
成品标准	形如芙蓉、质地松软、馅鲜可口			

（二）工艺流程

（1）馅心制作：将基围虾洗净用盐水煮熟，去头留尾，备用。虾仁洗净，用纱布吸干水，加入适量蛋清与盐抓匀，锅内烧热油至 120℃左右，倒入虾仁，浸炸片刻后捞出，改刀成小丁。五花肉洗净剁成泥后放入盆内，加盐、味精、骨头汤用力搅打至肉质起胶，将已切成小丁的

虾仁、姜末、葱花倒入肉泥中，再加入猪油、香油搅拌均匀即可，放入冰箱冷冻1小时。

（2）面团调制：将面粉置于案板上开窝，加入酵母、白糖，用温水先将其溶解，再拌入面粉，将面和匀，加入猪油反复揉匀揉透，制成光滑洁白的面团。

（3）面皮制作：将调制好的面团搓成长条，下剂14个（60克/个），将剂子按扁，用擀面杖擀成中间厚边缘薄的圆皮。

（4）成形技法：将圆皮放在案板上，在皮边沿抹少许面粉，沿边皮向内折入约1.5厘米，折成一个圈，翻边放入左手掌（折边朝下）挑入虾仁鲜肉馅30克，沿夹边提褶捏一圈约18折，随着捏褶，翻折的边翻过来，形成一朵芙蓉花状，捏成形后，在中心眼内放入熟鸡蛋黄碎即成芙蓉包生坯。

（5）成熟工艺：将生坯置于饧板上摆放整齐，放入50℃～60℃的烤箱内，静置发酵，见生坯膨胀光洁，表面起一层光洁的薄软壳时取出，逐个摆入蒸笼内，用旺火足汽蒸制10分钟即可取出装盘。

三、质量关键

（1）面团用水量及发酵时间要充足。

（2）面皮要中间厚边缘薄。

（3）包制时注意皮馅比，防止底部透油、口部漏油。

（4）掌握提褶手法，折纹均匀清晰，花边平整无缺。

（5）蒸制时间要恰当，否则不熟。

四、实训考核

考核内容及评分标准见表6-6。

表6-6 芙蓉包实训操作考核内容及评分标准

项目		评分标准		分值分配	扣分原因	实际得分
操作过程	原料准备	原料准备到位，原料质量、用量符合要求		5		
	设备、器具准备	设备、器具准备到位，卫生符合要求，设备运行正常		5		
	操作时间	90分钟		5		
	操作规程	面团调制	①面团软硬度适宜 ②面团揉制适度	7		
		制皮	①皮坯圆整，中间厚边缘薄 ②皮坯大小符合要求	6		
		制馅	①调味料用量准确 ②拌料顺序正确，时机恰当 ③馅心保持咸鲜	5		
		成形	①形态规范美观 ②大小、厚薄均匀 ③成品码放整齐	5		
		成熟	①水温适当 ②水量适当 ③蒸制时间恰当	7		

续表

项　目		评分标准	分值分配	扣分原因	实际得分
操作过程	卫生习惯	①个人卫生整洁 ②工作完成后，工位干净整洁 ③操作过程符合卫生规范	15		
成品质量	成品规格	形如芙蓉、褶纹均匀、口如鲫鱼嘴	10		
	成品色泽	色泽皎白	10		
	成品质感	质地松软	10		
	成品口味	馅鲜可口	10		
合　计			100		

实训 4　银丝卷制作

银丝卷分为两种：一种是以天津为代表的北派名点；另一种是以湖南为代表的南派名点。天津银丝卷外形呈馒头状，里面呈银丝状，因此称银丝馒头更为准确，还被人们说成“馒头里面夹着面条”；而湖南银丝卷是由数十根细丝缠绕卷制而成，里外都呈丝状，犹如古时老妇的发髻，更表现出南方点心的精巧。湖南银丝卷是湘点的特色传统品种，食用前如精巧的发髻摆放在盘中，食用时用筷子夹住丝头，悬在半空，轻轻一抖，发髻随即向下翻滚，变成一缕缕细致匀称的细线，细如花茎，根根分明，名副其实！

金庸先生一定品尝过湖南银丝卷，因其在《射雕英雄传》第十二回“亢龙有悔”中写到了这一美食，黄蓉曾做银丝卷给洪七公吃。文中虽未具体描写银丝卷，但就“一堆雪白的银丝卷”，而且黄蓉出身浙江桃花岛，洪七公又活动在江南地区，再有上海的八宝肥鸭，可想而知，一定是南派的银丝卷。湖南点心搭配上海小菜，在金庸先生笔下完美融合了。

一、工艺原理

面团性质：膨松面团——生物膨松面团。

馅心类型：甜馅。

成形方法：卷。

成熟方法：蒸。

二、操作步骤

（一）实训准备

原料配方、设备、器具、产品规格要求见表 6–7。

表 6–7　银丝卷原料配方、设备、器具、产品规格

用料名称		用量（克）	备注（笔记）	
面团	面粉	500		
	酵母	5		
	白糖	50		
	清水	230		
馅心	肥膘肉	150		
	白糖	150	产品规格	60 克 / 个
	盐	6	出品量	18 个
	邵阳大曲	少许	盛器	圆碟
设备、器具准备				
设备	面案操作台、炉灶、蒸煮锅			
器具	电子秤、饧板、蒸笼、圆碟			
成品标准	色白丝细工整均匀，提丝松散如银丝缕缕，松软甜润甘香			

（二）工艺流程

（1）馅心制作：将肥膘肉洗净，切成条，放入绞肉机内搅成茸泥，倒入盆中加白糖、盐、邵阳大曲擦透并腌制 1 ～ 2 天成肥膘糖油馅。

（2）面团调制：面粉置于案板上开窝，加入酵母、白糖，用清水先将其溶解，再拌入面粉，将面和匀，反复揉成光洁的面团，可用压面机压制 15 遍。

（3）面皮制作：将面团搓成长条，压成扁条，用走槌推擀成长方形薄面皮，取肥膘糖油馅（冬天温度低时要先溶化至软再使用）用刀抹满面皮，馅要抹平抹匀。

（4）成形技法：将抹馅面皮从外向内折成四层长面皮，轻轻带长压薄，成宽约 8 厘米，厚约 0.5 厘米的长面带，在面皮上抹少许水，用刀将面皮切 5 ～ 6 条面丝成一份（一般由右向左切，退着切），再将一份面丝甩出放在案板上，全部切好后，用双手提起面丝，轻轻带长，按齐按平，从右向左卷滚成筒，末端塞入底部，卷口朝上摆正，再用右手轻轻按压成一个盘丝状的生坯，逐个卷好。

（5）成熟工艺：银丝卷生坯全部卷好后，置于饧板上摆放整齐，将其放入 50℃ ~ 60℃ 的烤箱内，静置发酵，见生坯膨胀光洁时取出，逐个摆入蒸笼内，用旺火足汽蒸制 10 分钟即可取出装盘。

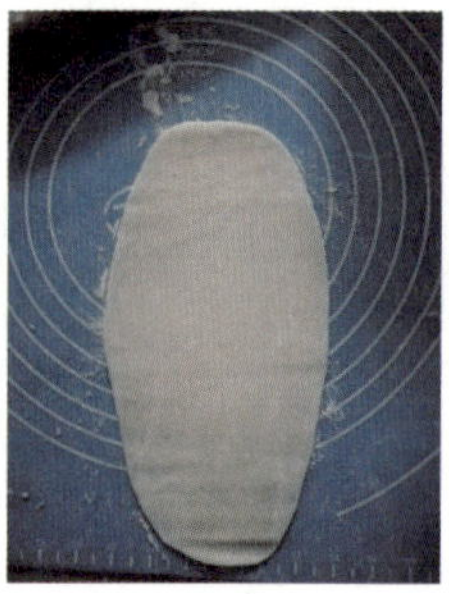
(1)

(2)

(3)

(4)

三、质量关键

（1）面团用水量及发酵时间要充足。

（2）面皮要厚薄一致，呈长方形。

（3）切制时注意折叠后宽度为刀的 2/3，否则不易切断。

（4）需要分 2 ~ 3 次将坯拉长，否则易断裂。

（5）注意卷制手法。

（6）蒸制时间要恰当，否则不熟。

四、实训考核

考核内容及评分标准见表 6–8。

表 6–8　银丝卷实训操作考核内容及评分标准

项　目			评分标准	分值分配	扣分原因	实际得分
操作过程	原料准备		原料准备到位，原料质量、用量符合要求	5		
	设备、器具准备		设备、器具准备到位，卫生符合要求，设备运行正常	5		
	操作时间		90 分钟	5		
	操作规程	面团调制	①面团软硬度适宜 ②面团揉制适度	7		
		制皮	①皮坯呈方形，厚薄一致 ②皮坯大小符合要求	6		
		制馅	①调味料用量准确 ②拌料顺序正确，时机恰当 ③馅心保持甜润	5		
		成形	①形态规范美观 ②大小、厚薄均匀 ③成品码放整齐	5		
		成熟	①水温适当 ②水量适当 ③蒸制时间恰当	7		

续表

项目		评分标准	分值分配	扣分原因	实际得分
操作过程	卫生习惯	①个人卫生整洁 ②工作完成后，工位干净整洁 ③操作过程符合卫生规范	15		
成品质量	成品规格	丝细、工整均匀	10		
	成品色泽	色如白丝	10		
	成品质感	质地松软	10		
	成品口味	甜润甘香	10		
合计			100		

实训 5　脑髓卷制作

脑髓卷是湘潭市著名的风味小吃，历史悠久。脑髓卷起源于湘潭市，因其味道醇甜，质地细软，口感极好而受到食客欢迎，而后湖南各地竞相效仿，广为流传。其名虽为脑髓卷，却并不是用某种动物脑髓做成的，而是用半酵面皮裹猪肥膘肉泥和白糖制成的馅心，然后卷筒切块而成，其原料的形状如脑髓一样，所以取名为脑髓卷。

一、工艺原理

面团性质：膨松面团——生物膨松面团。

馅心类型：甜馅。

成形方法：卷。

成熟方法：蒸。

二、操作步骤

（一）实训准备

原料配方、设备、器具、产品规格要求见表 6-9。

表 6-9　脑髓卷原料配方、设备、器具、产品规格

用料名称		用量（克）	备注（笔记）	
面团	面粉	500		
	酵母	5		
	泡打粉	5		
	白糖	50		
	清水	230		
馅心	猪肥膘	250		
	白糖	150	产品规格	50 克 / 个
	盐	6	出品量	24 个
	白酒	少许	盛器	圆碟
设备、器具准备				
设备	面案操作台、炉灶、蒸煮锅			
器具	电子秤、饧板、蒸笼、圆碟			
成品标准	晶莹油亮、皮薄层多、嫩滑如髓、落口消融、甘香滑润			

（二）工艺流程

（1）馅心制作：将肥膘肉洗净，切成条，放入绞肉机内搅成茸泥，倒入盆中加糖、盐、白酒擦透并腌制 1 ~ 2 天成肥膘糖油馅。

（2）面团调制：取 300 克面粉置于案板上开窝，放入盐及清水，调制成稍软带筋力的子面团，饧置 15 分钟，另取 200 克面粉与泡打粉、白糖、酵母、清水调制成发面，将子面与发面揉和均匀，饧置 15 分钟。

（3）面皮制作：再揉擦一遍，如此经三揉三饧使面团成为具有良好韧性和延伸筋力的微酵发面团，亦可在压面机上压十几遍。

（4）成形技法：将已饧揉好的微酵面团搓成条，按扁，用走槌推擀成长方形面皮，在面皮上扑一层干面粉，用长擀面杖从右至左将面皮卷起，边看边提起面根将面皮拉带薄，如此反复将面皮卷退三次，即成一块比纸还薄的呈半透明的长面皮，将已准备好的肥膘糖油馅预先溶化成软稀状，撒在薄面皮上，用刀将馅心抹匀，将面皮由外向内卷成细长筒，稍按扁，用刀切成长方形块状，将每块长方块前后轻轻带长，由前向后卷成一个多层的小卷筒块，全部卷好后，用刀背在每个卷筒上按条直印痕，呈瓦块状，在每个生坯底部都放一张垫底白纸。

（5）成熟工艺：将生坯逐个摆入蒸笼内，上灶用旺火沸水蒸制 8 分钟即可出笼装盘。

(1)

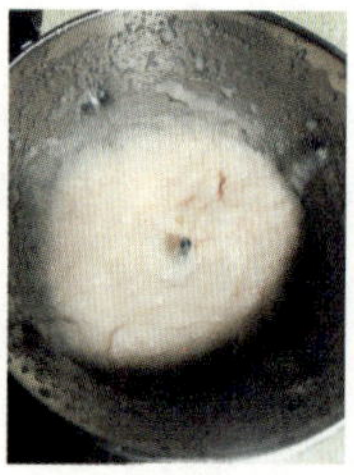
(2)

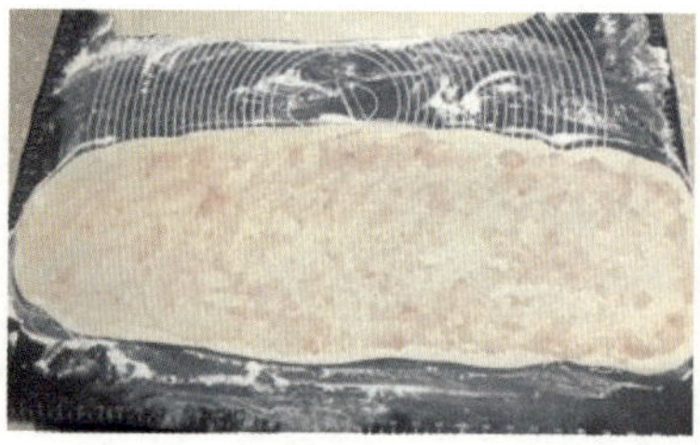
(3)

(4)

三、质量关键

（1）面团用水量及发酵时间要充足。

（2）面皮要厚薄一致，呈长方形。

（3）面皮要擀薄。

（4）馅心要多。

（5）注意卷制手法。

（6）蒸制时间要恰当，否则不熟。

四、实训考核

考核内容及评分标准见表 6-10。

表 6-10　脑髓卷实训操作考核内容及评分标准

项　　目		评分标准		分值分配	扣分原因	实际得分
操作过程	原料准备	原料准备到位，原料质量、用量符合要求		5		
	设备、器具准备	设备、器具准备到位，卫生符合要求，设备运行正常		5		
	操作时间	90 分钟		5		
	操作规程	面团调制	①面团软硬度适宜 ②面团揉制适度	7		
		制皮	①皮坯呈方形，厚薄一致 ②皮坯要薄，符合要求	6		
		制馅	①调味料用量准确 ②拌料顺序正确，时机恰当 ③馅心保持甜润	5		
		成形	①形态规范美观 ②大小、厚薄均匀 ③成品码放整齐	5		
		成熟	①水温适当 ②水量适当 ③蒸制时间恰当	7		
	卫生习惯	①个人卫生整洁 ②工作完成后，工位干净整洁 ③操作过程符合卫生规范		15		
成品质量	成品规格	皮薄层多		10		
	成品色泽	晶莹油亮		10		
	成品质感	嫩滑如髓、落口消融		10		
	成品口味	甘香滑润		10		
合　　计				100		

实训 6　荷叶夹制作

湖南盛产莲子，湘潭简称莲城，因此百姓生活与荷紧密相连。将寻常发面，巧花心思，制作成形似荷叶的面点，取名荷叶夹。荷叶夹是一款独具地域风格的特色湘点，色白暄软，美味爽口，食用时搭配肥腻的湘菜食用，风味更佳，常用作筵席点心，与梅菜扣肉等肥腻湘菜搭配上桌，营养丰富，咸鲜解腻。

一、工艺原理

面团性质：膨松面团——生物膨松面团。

馅心类型：咸馅。

成形方法：折。

成熟方法：蒸。

二、操作步骤

（一）实训准备

原料配方、设备、器具、产品规格要求见表 6-11。

表 6-11　荷叶夹原料配方、设备、器具、产品规格

用料名称		用量（克）	备注（笔记）	
面团	面粉	500		
	酵母	5		
	白糖	50		
	温水	230	产品规格	25 克 / 个
	猪油	20	出品量	32 个
馅心	梅菜扣肉	适量	盛器	圆碟
设备、器具准备				
设备	面案操作台、炉灶、蒸煮锅			
器具	电子秤、木梳、饧板、蒸笼、圆碟			
成品标准	色白松软、打开如荷叶，随菜同上			

（二）工艺流程

（1）面团调制：将面粉置于案板上开窝，加入酵母、白糖，用温水先将其溶解，再拌入

面粉。将面揉匀揉透，反复揉成光洁的面团。

（2）面皮制作：将调制好的面团搓成长条，下剂 32 个（每个约 25 克），将剂子按扁，擀成直径 12 厘米的圆形面皮。

（3）成形技法：在皮坯表面抹一层油，对折成半圆皮后再抹一层油，继续折成扇形，用木梳在面皮表面对称地按压出 3 ~ 4 条叶纹，在每条叶纹的弧边用梳子稍往内压出凹痕，即成一块荷叶夹生坯。

（4）成熟工艺：将生坯置于饧板上摆放整齐，放入 50℃ ~ 60℃的烤箱内，静置发酵，发酵成熟后，用旺火足汽蒸制 10 分钟即可取出装盘，随梅菜扣肉共同食用。

(1)

(2)

(3)

(4)

三、质量关键

（1）面团用水量及发酵时间要充足。

（2）面皮要圆。

（3）油要刷均匀。

（4）压纹均匀清晰。

（5）蒸制时间要恰当，否则不熟。

四、实训考核

考核内容及评分标准见表 6–12。

表 6–12 荷叶夹实训操作考核内容及评分标准

项目		评分标准		分值分配	扣分原因	实际得分
操作过程	原料准备	原料准备到位，原料质量、用量符合要求		5		
	设备器具准备	设备、器具准备到位，卫生符合要求，设备运行正常		5		
	操作时间	90 分钟		5		
	操作规程	面团调制	①面团软硬度适宜 ②面团揉制适度	7		
		制皮	①皮坯圆整，中间厚边缘薄 ②皮坯大小符合要求	6		
		制馅	馅心提前准备，多选用油腻食材	5		
		成形	①形态规范美观 ②大小、厚薄均匀 ③成品码放整齐	5		
		成熟	①水温适当 ②水量适当 ③蒸制时间恰当	7		

续表

项　目		评分标准	分值分配	扣分原因	实际得分
操作过程	卫生习惯	①个人卫生整洁 ②工作完成后，工位干净整洁 ③操作过程符合卫生规范	15		
成品质量	成品规格	呈扇形，打开如荷叶	10		
	成品色泽	色泽洁白	10		
	成品质感	口感松软	10		
	成品口味	咸鲜可口	10		
合　计			100		

实训 7　湘点象形包（香菇包）制作

香菇包是近几年才兴起的一款创新象形包点，造型逼真传神，在 2019 年湖南技能大赛中为规定品种，也曾出现在《舌尖上的中国》（第三季）中，因其外形酷似香菇、口味独特而深受食客的喜爱，目前湖南不少早餐店铺、酒店、餐饮企业的餐桌上都可以看到香菇包的身影，由于该制品制作非常精细，一般也作为展品进行展示。

一、工艺原理

面团性质：膨松面团——生物膨松面团。

馅心类型：咸馅。

成形方法：包。

成熟方法：蒸。

二、操作步骤

（一）实训准备

原料配方、设备、器具、产品规格要求见表 6-13。

表 6–13　香菇包原料配方、设备、器具、产品规格

用料名称		用量（克）	备注（笔记）	
面团	面粉	500		
	酵母	5		
	泡打粉	5		
	白糖	50		
	清水	230		
馅心	前腿肉	350		
	盐	3		
	味精	3		
	叉烧酱	30		
	柱侯酱	15		
	洋葱	适量		
	葱段	适量		
	姜片	适量		
	蚝油	15		
	酱油	15	产品规格	60 克 / 个
	清水	20	出品量	20 个
	可可粉	15	盛器	圆碟
设备、器具准备				
设备	面案操作台、炉灶、锅、烤箱			
器具	电子秤、饧板、蒸笼、圆碟			
成品标准	造型逼真、形似香菇、柔润松软、馅味鲜爽			

（二）工艺流程

（1）馅心制作：将前腿肉切片，用葱段、姜片、白酒腌制，加盐、味精、白糖、酱油、蚝油、叉烧酱、柱侯酱调味腌渍 1 ～ 2 小时后入烤箱烘烤，直至颜色鲜红油亮、香味浓郁，肉质通透，即可取出晾凉，改刀成小丁。水 125 克、盐 1.5 克、白糖 15 克、酱油 10 克、蚝油 10 克、叉烧酱 15 克，搅拌均匀备用；淀粉 20 克、水 50 克，搅拌成粉浆备用。热锅烧油，下洋葱丁小火炒香，倒入调味汁煮沸后，慢慢倒入粉浆，一边倒一边搅拌至熟透关火（不要太稠），加入叉烧肉搅拌均匀后出锅冷藏。

（2）面团调制：面粉与泡打粉混合过筛，置于案板上开窝，加入酵母、白糖，用清水先将其溶解，再拌入面粉，将面和匀，反复揉匀揉透，制成光滑洁白的面团。

（3）面皮制作：将调制好的面团搓成长条，下剂 20 个（40 克 / 个），将剂子按扁，用擀面杖擀成中间稍厚边缘稍薄的圆形面皮。

（4）成形技法：挑入馅心，拢上法收口呈圆顶包的造型，用可可粉和清水调制成芡汁，在生坯表面均匀地刷上一层芡汁，将剩余面团，搓成长条状，切成适中长度的小段作香菇柄，与生坯一同放置 50℃～ 60℃的烤箱内，静置发酵。

（5）成熟工艺：见生坯膨胀，表面起一层光洁的薄软壳且有如香菇表面裂开的纹路时取出，并逐个摆入蒸笼内，用旺火足汽蒸制 10 分钟即可取出装盘。

三、质量关键

（1）面团用水量及发酵时间要充足。

（2）面皮要中间厚边缘薄。

（3）包制时注意皮馅比，收口要紧且压在底部，防止露馅。

（4）掌握刷纹路的方法。

（5）蒸制时间要恰当，否则不熟。

四、实训考核

考核内容及评分标准见表 6-14。

表 6-14　香菇包实训操作考核内容及评分标准

项　　目		评分标准		分值分配	扣分原因	实际得分
操作过程	原料准备	原料准备到位，原料质量、用量符合要求		5		
	设备、器具准备	设备、器具准备到位，卫生符合要求，设备运行正常		5		
	操作时间	90 分钟		5		
	操作规程	面团调制	①面团软硬度适宜 ②面团揉制适度	7		
		制皮	①皮坯圆整，中间厚边缘薄 ②皮坯大小符合要求	6		
		制馅	①调味料用量准确 ②拌料顺序正确，时机恰当 ③馅心保持咸鲜	5		
		成形	①形态规范美观 ②大小、厚薄均匀 ③成品码放整齐	5		
		成熟	①水温适当 ②水量适当 ③蒸制时间恰当	7		
	卫生习惯	①个人卫生整洁 ②工作完成后，工位干净整洁 ③操作过程符合卫生规范		15		
成品质量	成品规格	造型逼真、形似香菇		10		
	成品色泽	黑色中透出白色线条纹路		10		
	成品质感	柔润松软		10		
	成品口味	馅鲜味美		10		
合　　计				100		

实训 8 笋肉大包制作

“宁可食无肉，不可居无竹”，将肉与竹结合起来制作成美味的早点，只有湖南的笋肉大包和江苏的三丁大包。笋肉大包又称四眼大包，是用五花猪肉加上湖南笋干（烟笋）混合而成，味道鲜美无比，是湖南人最爱的一道特色点心，也是湖南名点。笋肉结合不仅可提升肉馅的品质，而且还可解油腻。它与三丁大包不同，用笋干替代鲜笋，更加增强了烟笋的独特香味。烟笋是湖南的特色，每年 3 月底勤劳的湖湘山里人家家户户都上山挖竹笋，成百上千斤地挑回家后削下笋壳，用水蒸煮软后晒干。晒干后的笋子像一根根黄金条，纯黄透亮。笋干加工制作中再经过烟熏，成品颜色发黑，且带有明显的烟熏味道，因此也被称为烟熏笋。烟熏过的笋干呈黑褐色，表面带有少许白霜及特殊的香味，既方便储存还能除去青涩，并且因为烟熏这道工序，烟笋形成独特的风味，令人印象格外深刻。烟笋又称为乌笋，一般只有春笋才可以做烟笋。经过烟熏的烟笋水分被极度压缩，因此能长期保存，但是吃起来比较麻烦，需要较长时间泡发并撕开清洗干净。据传，在深圳的湖南籍老板对笋肉大包甚是喜欢，但就是吃不到当年在湘的味道，因此特从湖南邀请湘点大师带上当地原料乘飞机前往深圳制作笋肉大包，事后赞誉它为包中一品。

一、工艺原理

面团性质：膨松面团——生物膨松面团。

馅心类型：咸馅。

成形方法：包。

成熟方法：蒸。

二、操作步骤

（一）实训准备

原料配方、设备、器具、产品规格要求见表 6-15。

表 6–15　笋肉大包原料配方、设备、器具、产品规格

用料名称		用量（克）	备注（笔记）	
面团	面粉	500		
	酵母	5		
	泡打粉	5		
	白糖	50		
	清水	230		
馅心	笋干	150		
	五花肉末	250		
	酱油	7		
	盐	8		
	白糖	7	产品规格	90 克 / 个
	香油	5	出品量	14 个
	料酒	5	盛器	小蒸笼
设备、器具准备				
设备	面案操作台、炉灶、锅、烤箱			
器具	电子秤、饧板、小蒸笼			
成品标准	四孔分明、笋香突出、口味鲜美			

（二）工艺流程

（1）馅心制作：笋干提前泡软，切成末；五花肉剁成末。将笋末放入锅中炒干、煸香，加入色拉油炒香，进行调味。向肉馅中加入料酒、盐、酱油，按顺时针方向搅拌，有黏性后再加入少许清水，再一次搅拌至有黏性，将炒香的笋末倒入拌匀待用。

（2）面团调制：向面粉里加入酵母拌匀后开窝，加入白糖和清水搅拌均匀，揉成光滑的面团。

（3）面皮制作：盖上保鲜膜发酵至 2 倍大，搓条下剂，分成约 60 克的面坯，滚圆后盖上保鲜膜静置 15 分钟，擀成中间厚边缘薄的圆皮。

（4）成形技法：加入馅料，双手将面皮分成四等份，然后用左手托住，用右手拇指、食指、中指和左手的拇指分别将四个凸出的边往中间收，粘在一起，使其形成四个大眼空洞，收口后放入蒸笼内，全部做好，盖上静置 20 分钟。

（5）成熟工艺：开水上锅，用大火蒸 15 分钟后熄火，等 5 分钟再出锅即可。

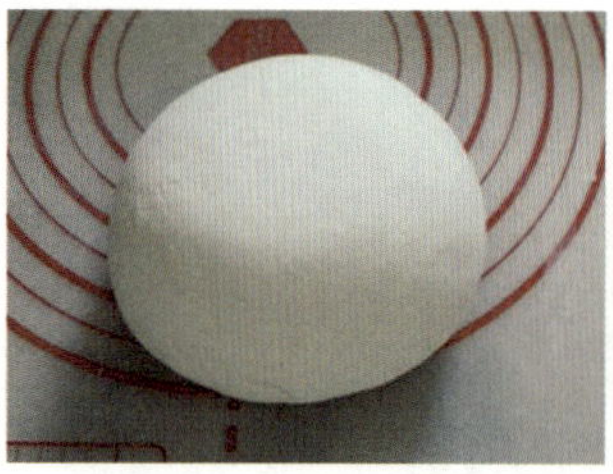
(1)

(2)

(3)

三、质量关键

（1）面团用水量及发酵时间要充足。

（2）面皮要中间厚边缘薄。

（3）包制时注意皮馅比，防止底部透油、口部漏油。

（4）掌握成形手法，四眼均匀清晰。

（5）蒸制时间要恰当，否则不熟。

四、实训考核

考核内容及评分标准见表6-16。

表6-16 笋肉大包实训操作考核内容及评分标准

<table>
<tr><th colspan="2">项　目</th><th colspan="2">评分标准</th><th>分值分配</th><th>扣分原因</th><th>实际得分</th></tr>
<tr><td rowspan="9">操作过程</td><td>原料准备</td><td colspan="2">原料准备到位，原料质量、用量符合要求</td><td>5</td><td></td><td></td></tr>
<tr><td>设备、器具准备</td><td colspan="2">设备、器具准备到位，卫生符合要求，设备运行正常</td><td>5</td><td></td><td></td></tr>
<tr><td>操作时间</td><td colspan="2">90分钟</td><td>5</td><td></td><td></td></tr>
<tr><td rowspan="5">操作规程</td><td>面团调制</td><td>①面团软硬度适宜
②面团揉制适度</td><td>7</td><td></td><td></td></tr>
<tr><td>制皮</td><td>①皮坯圆整，中间厚边缘薄
②皮坯大小符合要求</td><td>6</td><td></td><td></td></tr>
<tr><td>制馅</td><td>①调味料用量准确
②拌料顺序正确，时机恰当
③馅心保持咸鲜</td><td>5</td><td></td><td></td></tr>
<tr><td>成形</td><td>①形态规范美观
②大小、厚薄均匀
③成品码放整齐</td><td>5</td><td></td><td></td></tr>
<tr><td>成熟</td><td>①水温适当
②水量适当
③蒸制时间恰当</td><td>7</td><td></td><td></td></tr>
<tr><td>卫生习惯</td><td colspan="2">①个人卫生整洁
②工作完成后，工位干净整洁
③操作过程符合卫生规范</td><td>15</td><td></td><td></td></tr>
<tr><td rowspan="4">成品质量</td><td>成品规格</td><td colspan="2">四孔分明</td><td>10</td><td></td><td></td></tr>
<tr><td>成品色泽</td><td colspan="2">色泽白润</td><td>10</td><td></td><td></td></tr>
<tr><td>成品质感</td><td colspan="2">口感暄软</td><td>10</td><td></td><td></td></tr>
<tr><td>成品口味</td><td colspan="2">笋香鲜美</td><td>10</td><td></td><td></td></tr>
<tr><td colspan="4">合　计</td><td>100</td><td></td><td></td></tr>
</table>

任务二　化学膨松面团制作

化学膨松面团是膨松面团的一种。在面粉中掺入适量的化学膨松剂，利用化学膨松剂的产气性使其膨松的面团，称为化学膨松面团。在实际操作中，面团中往往还要添加一些辅料，如油、糖、蛋、乳等，使成品更有特色。化学膨松面团制品的特点是体形膨松，疏松多孔，呈蜂窝状组织结构的，口感酥脆浓香；呈海绵状组织结构的，口感暄软清香。代表品种主要有桃酥、油条、麻花、开口笑和马拉糕等。

化学膨松剂种类繁多，常用的有两类：一类是发酵粉类，包括小苏打、臭粉（碳酸氢铵）、泡打粉，它们多单独使用；另一类是矾、碱、盐结合使用，矾、碱、盐面团虽然是我国传统的膨松面团，且具有很强的膨松性和酥脆感，但是有资料表明，人们食用过多的明矾可能会导致老年性痴呆，因此这种膨松方法正在被逐渐淘汰。

实训 1　邵阳甜油条制作

邵阳甜油条是一种湖南邵阳地区的早餐名点。邵阳历史悠久，名传潇湘，史称“宝庆”，至今已有 2500 多年历史。对于居住在本地的市民而言，早餐吃甜油条是一种生活方式。油条的叫法各地不一，东北和华北很多地区称油条为“馃子”；安徽一些地区称“油果子”；广州及周边地区称“油炸鬼”；潮汕地区等地称“油炸果”；浙江地区有“天罗筋”的称法。而邵阳油条之所以称为甜油条，是因为它呈方形，表面加上一层糖衣，划开两三刀，一起下锅炸制，表面粗糙有颗粒状突起，味道甜香，是一种具有古老特色的湘式面点。因此需要重点学习。

一、工艺原理

面团性质：膨松面团——化学膨松面团。

馅心类型：咸馅。

成形方法：切。

成熟方法：炸。

二、操作步骤

（一）实训准备

原料配方、设备、器具、产品规格要求见表 6-17。

表 6-17 邵阳甜油条原料配方、设备、器具、产品规格

用料名称		用量（克）	备注（笔记）	
面团	面粉	500		
	温水	220		
	色拉油	30		
	盐	6		
	白糖	40		
	油条膨松剂	10		
	鸡蛋	50		
	水面	80	产品规格	40 克 / 个
	白糖	20	出品量	24 个
	面粉	10	盛器	圆碟
设备、器具准备				
设备	面案操作台、炉灶、锅			
器具	电子秤、笊篱、长筷子、圆碟			
成品标准	形似方形、色泽金黄、味道香甜、松脆爽口			

（二）工艺流程

（1）面团调制：将面粉加油条膨松剂过筛拌匀，倒在面案上开窝，加入盐、白糖、鸡蛋和温水揉成面团，根据面粉的吸水性，水可以分次倒入，揉至面团非常柔软即可。放入色拉油，将油揉进面团中，直至面团非常滋润。将揉好的面团放在案板上，盖上保鲜膜饧（静置），夏天饧 2 小时，冬天饧 4 ～ 5 小时。

（2）面皮制作：另取原料，按以上水皮配比加入白糖、面粉合成糖球一起饧。饧完后将清水揣进面团，直到稀烂为止。

（3）成形技法：在操作台上撒上一层薄薄面粉，用双手将饧好的面团拉长，并在面团表面撒少许面粉，用走槌擀至 3 毫米左右，用刀切成 8 厘米左右的长方形面皮，在薄皮上划出 2 道刀口（不划断），刷上稀烂糖面。

（4）成熟工艺：锅内倒油，油面要宽，待油温七成热后将薄饼糖面向下放入锅中，炸至糖面变色后再翻面至炸熟，捞出控油即成。

(1)

(2)

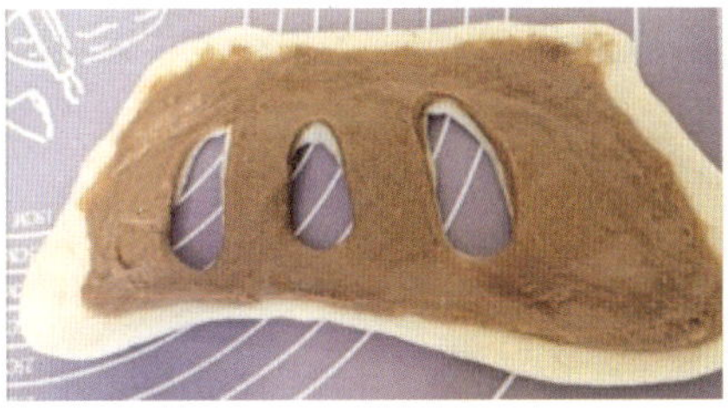
(3)

(4)

三、质量关键

（1）面团用水量要恰当。

（2）面皮要中间厚边缘薄。

（3）包制时注意皮馅比，防止底部透油、口部漏油。

（3）掌握提褶手法，折纹均匀清晰。

（5）蒸制时间要恰当，否则不熟。

四、实训考核

考核内容及评分标准见表 6–18。

表 6–18　邵阳甜油条实训操作考核内容及评分标准

<table>
<tr><th colspan="2">项　　目</th><th colspan="2">评分标准</th><th>分值分配</th><th>扣分原因</th><th>实际得分</th></tr>
<tr><td rowspan="9">操作过程</td><td>原料准备</td><td colspan="2">原料准备到位，原料质量、用量符合要求</td><td>5</td><td></td><td></td></tr>
<tr><td>设备、器具准备</td><td colspan="2">设备、器具准备到位，卫生符合要求，设备运行正常</td><td>5</td><td></td><td></td></tr>
<tr><td>操作时间</td><td colspan="2">90 分钟</td><td>5</td><td></td><td></td></tr>
<tr><td rowspan="5">操作规程</td><td>面团调制</td><td>①面团软硬度适宜
②面团揉制适度</td><td>7</td><td></td><td></td></tr>
<tr><td>制皮</td><td>①皮坯呈方形，厚薄一致
②皮坯大小符合要求</td><td>6</td><td></td><td></td></tr>
<tr><td>制馅</td><td>①调味料用量准确
②拌料顺序正确，时机恰当
③馅心保持香甜</td><td>5</td><td></td><td></td></tr>
<tr><td>成形</td><td>①形态规范美观
②大小、厚薄均匀
③成品码放整齐</td><td>5</td><td></td><td></td></tr>
<tr><td>成熟</td><td>①油温适当
②油量适当
③炸制时间恰当</td><td>7</td><td></td><td></td></tr>
<tr><td>卫生习惯</td><td colspan="2">①个人卫生整洁
②工作完成后，工位干净整洁
③操作过程符合卫生规范</td><td>15</td><td></td><td></td></tr>
<tr><td rowspan="4">成品质量</td><td>成品规格</td><td colspan="2">形似方形</td><td>10</td><td></td><td></td></tr>
<tr><td>成品色泽</td><td colspan="2">色泽金黄</td><td>10</td><td></td><td></td></tr>
<tr><td>成品质感</td><td colspan="2">松脆爽口</td><td>10</td><td></td><td></td></tr>
<tr><td>成品口味</td><td colspan="2">香甜味美</td><td>10</td><td></td><td></td></tr>
<tr><td colspan="4">合　　计</td><td>100</td><td></td><td></td></tr>
</table>

实训 2　小花片制作

小花片是湖南的地方传统糕点之一，也是湖南人过年最爱的零食之一。每逢过年，湖南家家户户总会买一些如小花片、灯芯糕等独具湖南特色的年货来待客，但现在年货的品种越来越多，小花片作为少数依旧保留着儿时味道的年味零食却还保存在一代人的记忆中。小花片因产品形状很像猫的耳朵，故又有“猫耳朵”之称。

一、工艺原理

面团性质：膨松面团——化学膨松面团。

馅心类型：咸馅。

成形方法：切。

成熟方法：炸。

二、操作步骤

（一）实训准备

原料配方、设备、器具、产品规格要求见表 6-19。

表 6-19　小花片原料配方、设备、器具、产品规格

用料名称		用量（克）	备注（笔记）	
面团	面粉	170		
	赤砂糖	16		
	饴糖	4		
	纯碱	0.4		
	茶油	36		
	白芝麻	4	产品规格	5 克 / 个
	小茴香	1.6	出品量	50 个
	盐	1	盛器	圆碟
设备、器具准备				
设备	面案操作台、炉灶、油锅			
器具	电子秤、笊篱、圆碟			
成品标准	色泽金黄，薄、脆，口味酥、香			

（二）工艺流程

（1）馅心制作：将110克面粉过筛置于案板上开窝，加入赤砂糖、饴糖、茶油、盐、小茴香、水，先将其搅拌均匀，使其混合充分并溶解，再揉成光滑且稍硬的面团，静置。

（2）面团调制：将60克面粉过筛置于案板上开窝，加入盐、白芝麻、纯碱、水，先将其搅拌均匀，使其混合充分并溶解，再揉成光滑且稍硬的面团，静置饧放半小时。

（3）面皮制作：将面团与馅心均擀成相同的长方形，并将馅心贴在面团皮上，卷起。

（4）成形技法：用刀快速切片即可。

（5）成熟工艺：油锅烧热油至180℃，将生坯放入油锅中炸制，炸制过程保持中小火，用筷子勤翻动，使其受热均匀，炸熟即可捞出，沥干油后装盘。

(1)

(2)

(3)

(4)

三、质量关键

（1）面团用水量要充足。

（2）面团与馅心擀制大小一致。

（3）包制时注意要涂水，卷制时要卷紧。

（4）切片时要厚薄一致，尽量薄。

（5）炸制时间要恰当，否则影响口感。

四、实训考核

考核内容及评分标准见表6-20。

表6-20 小花片实训操作考核内容及评分标准

<table>
<tr><th colspan="2">项 目</th><th colspan="2">评分标准</th><th>分值分配</th><th>扣分原因</th><th>实际得分</th></tr>
<tr><td rowspan="7">操作过程</td><td>原料准备</td><td colspan="2">原料准备到位，原料质量、用量符合要求</td><td>5</td><td></td><td></td></tr>
<tr><td>设备、器具准备</td><td colspan="2">设备、器具准备到位，卫生符合要求，设备运行正常</td><td>5</td><td></td><td></td></tr>
<tr><td>操作时间</td><td colspan="2">90分钟</td><td>5</td><td></td><td></td></tr>
<tr><td rowspan="4">操作规程</td><td>面团调制</td><td>①面团软硬度适宜
②面团揉制适度</td><td>7</td><td></td><td></td></tr>
<tr><td>制皮</td><td>①皮坯长方形，厚薄一致
②皮坯大小符合要求</td><td>6</td><td></td><td></td></tr>
<tr><td>制馅</td><td>①调味料用量准确
②拌料顺序正确，时机恰当
③馅心擀制与面皮一样大小</td><td>5</td><td></td><td></td></tr>
<tr><td>成形</td><td>①形态规范美观
②大小、厚薄均匀
③成品码放整齐</td><td>5</td><td></td><td></td></tr>
</table>

续表

项　　目		评分标准		分值分配	扣分原因	实际得分
操作过程	操作规程	成熟	①油温适当 ②油量适当 ③炸制时间恰当	7		
	卫生习惯	①个人卫生整洁 ②工作完成后，工位干净整洁 ③操作过程符合卫生规范		15		
成品质量	成品规格	厚薄均匀、形似猫耳		10		
	成品色泽	棕白相间		10		
	成品质感	口感酥脆		10		
	成品口味	口味甜中略带咸		10		
合　　计				100		

实训 3　龙头酥制作

龙头酥是湖南的一道传统特色小吃，以面粉、鸡蛋、油等为主料配以少量的化学膨松剂炸制而成，可甜可咸，可根据不同的配料调节出不同的口味，如加入芝麻、五香粉等，有香、酥、脆、味微咸的特点，可作为饭后茶点、零食食用。

一、工艺原理

面团性质：膨松面团——化学膨松面团。

馅心类型：咸馅。

成形方法：切。

成熟方法：炸。

二、操作步骤

（一）实训准备

原料配方、设备、器具、产品规格要求见表 6-21。

表 6–21 龙头酥原料配方、设备、器具、产品规格

用料名称		用量（克）	备注（笔记）	
面团	面粉	500		
	泡打粉	2		
	植物油	30		
	黑芝麻	30		
	鸡蛋	50		
	盐	5	产品规格	25 克 / 个
	白糖	15	出品量	30 个
	清水	150	盛器	圆碟
设备、器具准备				
设备	面案操作台、炉灶、油锅			
器具	电子秤、笊篱、圆碟			
成品标准	色泽金黄、口感酥脆、口味咸香			

（二）工艺流程

（1）面团调制：将面粉与泡打粉混合过筛，置于案板上开窝，加入油、糖、蛋、盐、黑芝麻，先将其搅拌均匀，使其混合充分并溶解，再慢慢拌入清水，揉成光滑且稍硬的面团，静置饧放半小时。

（2）成形技法：将面团擀制成厚薄均匀的长方形薄面片，将其改刀成若干个大小相同的长方形面片，长宽比控制在 2:1 左右，每次取两片叠摞在一起并沿长边对折，在折痕处垂直于折痕均匀切三刀且不能切断，将对折的面片打开，把任一短边从中间的切口穿过并展平，即成生坯。

（3）成熟工艺：油锅烧热油至 160℃～180℃，将折好的生坯放入油锅中炸制，炸制过程保持中小火，用筷子勤翻动，使其受热均匀，待其表面呈鲜亮的金黄色即可捞出，沥干油后装盘。

三、质量关键

（1）面团用水量恰当。

（2）面皮要擀薄，且厚薄一致。

（3）切割时要大小一致，并且划纹路时两头不断，中间断。

（4）成形时要将一头从中间穿过去，不断，且美观。

（5）炸制时间要炸透、炸脆。

四、实训考核

考核内容及评分标准见表 6-22。

表 6-22 龙头酥实训操作考核内容及评分标准

项目		评分标准		分值分配	扣分原因	实际得分
操作过程	原料准备	原料准备到位，原料质量、用量符合要求		6		
	设备、器具准备	设备、器具准备到位，卫生符合要求，设备运行正常		6		
	操作时间	90 分钟		5		
	操作规程	面团调制	①面团软硬度适宜 ②面团揉制适度	7		
		制皮	①皮坯方正，薄如纸片 ②皮坯大小符合要求	7		
		成形	①形态规范美观 ②大小、厚薄均匀 ③成品码放整齐	6		
		成熟	①油温适当 ②油量适当 ③炸制时间、火候恰当	8		
	卫生习惯	①个人卫生整洁 ②工作完成后，工位干净整洁 ③操作过程符合卫生规范		15		
成品质量	成品规格	大小一致，形似发夹		10		
	成品色泽	色泽金黄		10		
	成品质感	口感酥脆		10		
	成品口味	口味咸香		10		
合计				100		

实训 4 益阳发饼制作

益阳发饼（又称法饼）是湖南特色传统名点之一，是湘式糕点品种中的一种方便食品，至今已有几百年的历史，享有湖南中式糕点口味“龙头”的美誉。作为一种风味独特的大众化食品，益阳发饼面世以来备受人们青睐，促进了现代发酵型饼干的发展，2017 年被授予益阳市级非物质文化遗产。据说清末年间，谭氏开设面食加工的作坊，因善做面饼，时人称道。时逢谭氏七十大寿，引得众多食客和四方乡邻前来庆祝，并收到很多贺礼（米糖、柚子糖）。不久后便是三伏天，家中收的米糖、柚子糖已经融化，一次做面饼时，不慎将一包糖倒入面团中，无法将糖分离出来，又不忍浪费，只得分坯成团，准备自家食用，结果却出现粘盘、开坼、生硬等情况，当时生意繁忙便放于一角。次日准备处理时发现通过一夜的发酵，面团沁甜扑鼻，便采用土炉子烤至表皮略呈金黄色，不料烘焙出来的面饼松软可口，入口香甜，回味绵长。后逢年末，家家户户自酿甜酒准备过年，谭家品尝着酿好的甜酒，想起曾用糖和面，几经尝试，发现烘焙出来的饼除了保持原有的口感，更有一份淡淡的酒香，一经面市，竟大受好评，便形成了现在发饼的美味口感，且一代代传承下来。如今，在湖南某些地方的婚俗习惯中，会用红色的喜字呈于发饼上；在寿宴中，会将发饼分发给前来祝寿的人。

一、工艺原理

面团性质：膨松面团——生物膨松面团。

馅心类型：甜馅。

成形方法：卷。

成熟方法：烤。

二、操作步骤

（一）实训准备

原料配方、设备、器具、产品规格要求见表 6-23。

表 6-23　益阳发饼原料配方、设备、器具、产品规格

用料名称		用量（克）	备注（笔记）	
面团	面粉	500		
	甜酒水	50		
	温水	适量		
	白糖	适量		
	麦芽糖	适量	产品规格	35 克 / 个
	小苏打	适量	出品量	20 个
	纯碱	适量	盛器	竹编
设备、器具准备				
设备	面案操作台、烤箱			
器具	电子秤、木制饼锤、竹编			
成品标准	口感松软细腻，味道甘甜香醇			

（二）工艺流程

（1）面团调制：在面粉中加入适量的甜酒水和温水搅拌成软硬适度的面团，放置在面盆中，密封，在一定的温度下进行发酵，亦称老面。将面粉置于案板上开窝，加入老面、35℃左右的温水调制成较硬的面团，在密封环境中静置发酵。（调面团的水温以气温变化而定）

（2）面皮制作：面团发起来后，将白糖与麦芽糖按一定比例揉进面团中，充分拌擦，拌至面团中无糖颗粒，糖面融为一体即可，静置一天备用。

（3）成形技法：将小苏打、纯碱过筛后加入腌好糖的面料里，搅拌均匀，并加入剩下的面粉，调制成软硬适度的面团。将面团揉匀揉光，经搓条下剂成重量一致的剂子，用木制饼锤稍锤扁，整形成直径为 10 厘米的圆形饼坯。

（4）成熟工艺：烤箱预热，炉温以 180℃ ~ 190℃为宜，将饼坯托入烤盘内，饼坯间隔要均匀，烤时不宜晃动，以免影响饼坯的发泡，当发饼两面呈金黄色即可。

(1)

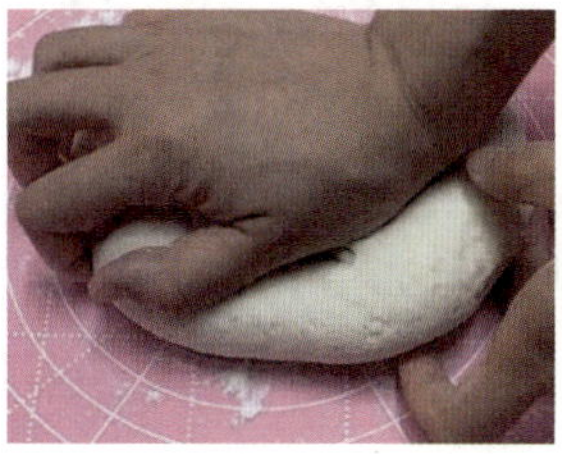
(2)

(3)

三、质量关键

（1）面团用水量要充足。

（2）面皮厚薄一致。

（3）烤制时间和温度要恰当，否则影响口感。

四、实训考核

考核内容及评分标准见表 6-24。

表 6-24 益阳发饼实训操作考核内容及评分标准

项 目		评分标准		分值分配	扣分原因	实际得分
操作过程	原料准备	原料准备到位，原料质量、用量符合要求		6		
	设备、器具准备	设备、器具准备到位，卫生符合要求，设备运行正常		6		
	操作时间	90 分钟		6		
	操作规程	面团调制	①面团软硬度适宜 ②面团揉制适度	8		
		制皮	①皮坯圆整，厚薄一致 ②皮坯大小符合要求	6		
		成形	①形态规范美观 ②大小、厚薄均匀 ③成品码放整齐	6		
		成熟	①水温适当 ②烤制时间恰当			

续表

项　　目		评分标准	分值分配	扣分原因	实际得分
操作过程	卫生习惯	①个人卫生整洁 ②工作完成后，工位干净整洁 ③操作过程符合卫生规范	15		
成品质量	成品规格	大小一致、形如饼状	10		
	成品色泽	色黄味香	10		
	成品质感	松软细腻	10		
	成品口味	甘甜香醇	10		
合　　计			100		

任务三　物理膨松面团制作

物理膨松面团是膨松面团的一种。该类面团使用具有胶体性质的蛋清作介质，利用高速调搅的物理运动使蛋液裹进空气，并通过空气受热膨胀的性质使其膨松。由于此方法必须用打蛋起泡的方法来调制，行业习惯上称为蛋泡面团或蛋糊面团，以物理膨松法制作的成品具有体积疏松膨大、质地暄松柔软、蛋香浓郁、口味鲜美、营养丰富等特点，一般适用于制作蛋糕类的制品。

实训　竹叶蛋糕制作

竹叶蛋糕是湖南特色糕点之一，因在蛋糕表面有一层形似竹叶的纹路而成为特色。竹叶蛋糕主要以面粉、鸡蛋、糖等为原料，是湖南众多面点中为数不多的以物理膨松面坯调制而成的糕点，具有香味浓郁、口感松软的特点。

一、工艺原理

面团性质：膨松面团——物理膨松面团。

馅心类型：甜馅。

成形方法：切。

成熟方法：烤。

二、操作步骤

（一）实训准备

原料配方、设备、器具、产品规格要求见表 6–25。

表 6–25　竹叶蛋糕原料配方、设备、器具、产品规格

<table>
<tr><td colspan="2">用料名称</td><td>用量（克）</td><td colspan="2">备注（笔记）</td></tr>
<tr><td rowspan="6">面团</td><td>低筋面粉</td><td>500</td><td colspan="2" rowspan="3"></td></tr>
<tr><td>鸡蛋</td><td>1000</td></tr>
<tr><td>绵白糖</td><td>500</td></tr>
<tr><td rowspan="3">色拉油</td><td rowspan="3">50</td><td>产品规格</td><td>90 克 / 个</td></tr>
<tr><td>出品量</td><td>22 个</td></tr>
<tr><td>盛器</td><td>平碟</td></tr>
<tr><td colspan="5">设备、器具准备</td></tr>
<tr><td>设备</td><td colspan="4">烤箱、打蛋机</td></tr>
<tr><td>器具</td><td colspan="4">电子秤、烤盘、蛋糕纸、裱花袋、锯齿刀、筷子</td></tr>
<tr><td>成品标准</td><td colspan="4">色泽棕黄、膨松暄软、口感绵软细腻、口味香甜</td></tr>
</table>

（二）工艺流程

（1）馅心制作（装饰料制作）：蛋黄 1 个打散，放入裱花袋中备用。

（2）面团调制：将鸡蛋、绵白糖加入打蛋筒中，打开打蛋机高速搅打至起泡、发白、呈黏稠状时停止，用面筛筛入低筋面粉，慢慢拌匀成蛋糊面坯。

（3）面皮制作：将烤盘垫上油纸，刷上色拉油，将调好的蛋糊倒入烤盘中，晃平，将裱花袋中的蛋黄液挤入蛋糕表面，用筷子画出竹叶花纹。

（4）成熟工艺：烤箱预热至 170℃左右，放入装蛋糊的烤盘，烤制 30 分钟左右，至棕黄色，成熟即可取出脱模。

（5）成形技法：冷却后，用锯齿刀改刀成小块装盘。

(1)

(2)

(3)

(4)

三、质量关键

（1）面糊配方称量准确。

（2）必须拌均匀。

（3）倒入烤盘后，要抹至厚薄匀称。

（4）掌握竹叶的画法。

（5）烤制时间和温度要恰当，否则不熟或焦煳。

四、实训考核

考核内容及评分标准见表 6-26。

表 6-26　竹叶蛋糕实训操作考核内容及评分标准

项　　目			评分标准	分值分配	扣分原因	实际得分
操作过程	原料准备		原料准备到位，原料质量、用量符合要求	5		
	设备、器具准备		设备、器具准备到位，卫生符合要求，设备运行正常	5		
	操作时间		90 分钟	5		
	操作规程	面团调制	①面糊软硬度适宜 ②面糊拌制适度	7		
		制皮	①面糊不能夹面粉疙瘩 ②稀稠度符合要求	6		
		制馅	①蛋黄用量准确 ②打散恰当 ③裱花袋开口要略小	5		
		成形	①形态规范美观 ②大小、厚薄均匀 ③成品码放整齐	5		
		成熟	①炉温适当 ②烤制时间恰当	7		
	卫生习惯		①个人卫生整洁 ②工作完成后，工位干净整洁 ③操作过程符合卫生规范	15		
成品质量	成品规格		形似块状	10		
	成品色泽		色泽棕黄	10		
	成品质感		膨松软嫩	10		
	成品口味		绵软细腻、口味香甜	10		
合　　计				100		

项目测试

一、选择题

1. 下列不属于膨松面团的是（　　）。

A. 生物膨松面团　　B. 物理膨松面团　　C. 化学膨松面团　　D. 热水面团

2. 下列不属于生物膨松面团的品种是（　　）。

A. 德园包子　　B. 宁乡沙田肉包　　C. 竹叶蛋糕　　D. 芙蓉包

3. 芙蓉包因形似（　　）而得名。

A. 木芙蓉　　B. 水芙蓉　　C. 桃花　　D. 菊花

4. 银丝卷与脑髓卷在制作过程中都使用了（　　）馅心。

A. 肥膘糖油馅　　B. 桂花白糖馅

C. 香菇鲜肉馅　　D. 芝麻白糖馅

5. 益阳发饼和龙头酥都属于（　　）。

A. 生物膨松面团　　B. 物理膨松面团

C. 化学膨松面团　　D. 热水面团

二、判断题

1. 膨松面团只有生物膨松面团一种。（　　）

2. 脑髓卷是湘潭市著名的风味小吃，历史悠久。（　　）

3. 荷叶夹一般配以热菜一同食用。（　　）

4. 湘点象形包是近几年十分流行的象形包点，其中以香菇造型最为逼真传神。（　　）

5. 笋肉大包是湖南的特色点心，一般做成五个大眼空洞。（　　）

6. 竹叶蛋糕因表面有形似竹叶的花纹而得名。（　　）

7. 小花片是湖南的地方传统糕点之一，因产品形状很像兔子的耳朵，故又有“兔耳朵”之称。（　　）

项目七　油酥面团品种制作

职业能力目标

- 熟知油酥面团的概念、分类及油酥面团的基本原理
- 熟知具有代表性的湘式油酥面团制品的制作方法
- 熟知油酥面团制品制作的工艺流程及调制工艺
- 能够合理地选用坯团原料、辅助原料、制馅原料、调味原料

典型岗位任务

- 掌握单酥制品制作的能力
- 掌握暗酥制品的工艺流程、制作要领
- 掌握半明半暗酥的工艺流程、制作要领
- 掌握明酥制品制作的能力

案例导入

小雨从小就爱自己动手制作美食、创新美食。在一次朋友婚宴上他看见了一个很特别的点心，外皮浅粉，越往里越是鲜红——烤箱版荷花酥，他拿起点心尝了一口："嗯，很香！美中不足的是皮太厚了，没有酥脆的感觉。"回到家里，他立刻开始研究如何让这样的美食给人又香又脆的口感呢？小雨制作了数十次，却怎么也做不出来。他有点不耐烦地出了门，没走多远闻到了香姨家肉酥饼的香味，他忍不住跑过去买了两个，一口咬下去，掉了满地渣，小雨又高兴又激动，兴奋地问香姨这样的肉酥饼是怎么做出来的。香姨拿一团水面皮、一团油皮，将油皮包入水面皮，然后反复擀开折叠，之后包上调好的肉馅，一整个放入大炸锅，五分钟之后取出便是香喷喷的肉酥饼了，光看外表看不出，一口咬下去，里面层次分明、香酥咸鲜。小雨立刻回去继续开始油炸版荷花酥，居然成功了。小雨油炸的荷花酥层次分明、一片一片，一口咬下去，不会感觉到皮坯的厚实，只会让你觉得这片荷花真美！

"出淤泥而不染"是人们对荷花高洁品质的赞誉，用油酥面制成的荷花酥，形似荷花，酥层清晰，观之形美动人，食之酥松香甜，别有风味。此后很多人慕名而来向小雨请教荷花酥的制作方法，荷花酥从此传开，被大众熟知，并成为著名的小吃。

任务一　油酥面团的制作原理

油酥类制品分为单酥类和层酥类制品，单酥类制品由一块面团调制而成，而层酥类制品由皮面和酥面组合调制而成。湖南的油酥类点心种类繁多，尤其层酥类点心制作工艺复杂、精细，制作要求高，面点层酥点心根据使用的原料及制作方法不同，又可以分为暗酥、半明半暗酥、明酥制品。

一、油酥面团概述

油酥面团是指用面粉和油脂、水、辅料（鸡蛋、白糖等）调制而成的面团，主要包括单酥面坯和层酥面坯。单酥面团包括浆皮类面团和混酥类面坯；层酥面团包括暗酥面团、半明半暗酥面团和明酥面团。

面粉

猪油

起酥油

水

二、油酥面团分类

（一）单酥面团的种类

单酥类面团由于配料、制作方法不同，又可分为浆皮类、混酥类。单酥类面团是由面粉、油脂、蛋、糖（有时还需加些水）等原料混合擦制而成的。单酥类面团一般都需加入一定量的膨松剂，从其性质上讲也可属于膨松类，但因其调制时一般不加水（或加入极少量水），而主要是加入油脂，故归入酥松类。

莲茸蛋黄月饼

（1）浆皮类面团是以面粉、油脂与糖浆为主要原料调制成的面团，这一类面团适用于制作月饼，如莲茸蛋黄月饼。这类制品色泽金黄色、口味香甜、无异味、吃口酥松香脆。

桃酥

（2）混酥类面团是由面粉、油脂、糖、蛋或少量清水等原料混合制作而成的面团。在制作过程中投放原料的种类和比例应依据品种的需要而定。这一类面团适用于制作桃酥等。这类制品色泽淡金黄色、口味香甜、无异味、吃口酥松香脆。

（二）层酥面团的种类

层酥面团的分类方法大致有两类：一类是水油面皮层酥面团和酵面皮层酥面团；另一类是暗酥、半明半暗酥和明酥类面团。

这两类制作方法相互融通，各有特点。

1. 按包酥面团分类

（1）水油面皮层酥面团是以水油面为皮、干油酥为酥心制成的面团。这一类面团适用范围广，品种也较多，如衡阳薄酥月饼、湘式酥皮月饼、荷花酥、腊肉三角酥、湘式叉烧酥等。制品具有层次清晰、松、酥、香等特点。水油面皮层酥面团在湘点中使用较为普遍。

衡阳薄酥月饼

荷花酥

（2）酵面皮层酥面团是以发酵面团为皮、油酥面为酥心经起酥制成的面团。其制品在各种地方性小吃中较常见，如盐菜扣肉发面烧饼、黄桥烧饼、蟹壳黄、香脆饼、盘香饼等，具有层次清晰、松软、香酥等特点。

黄桥烧饼

盘香饼

2. 按起酥方法分类

湘式酥皮月饼

（1）暗酥：酥层藏在内部，制品表面没有或只有较少酥层的油酥制品称为暗酥。由于暗酥酥层藏在里面，成熟后鼓胀发大，一般适宜做酥饼类，如衡阳薄酥月饼、湘式酥皮月饼、浏阳茴饼、擘酥萝卜饼等。

暗酥制法按起酥方法卷和叠的不同，有两种制法：一种是用水油面包干油酥，擀成长方形皮坯，折三层，再擀薄成长方形皮坯，卷成圆筒，用刀切成坯子，将刀口两侧向左右，光面向上下，用手按扁，再行包捏；另一种是将水油面与干油酥分别揪成剂子，用水油面包干油酥，擀成长方形坯皮，卷成圆筒，再擀薄，折成方形坯剂，边缘擀薄即可。

（2）半明半暗酥：酥层有一部分显露在外的油酥制品称半明半暗酥。半明半暗酥的特点是酥层大部分藏在里面，仅有一部分露在外面，成熟后胀发性较暗酥制品大。

半明半暗酥的制法一般采用小包酥起酥。将水油面与干油酥分别揪成剂子，用水油面包干油酥，擀成长方形坯皮，卷成圆筒，再擀薄，折成方形坯剂，边缘擀薄包馅，用刀片分出花瓣，如荷花酥、腊肉三角酥、湘式叉烧酥等。

湘式叉烧酥

（3）明酥：酥层明显且较多露在外部的油酥制品，称明酥。明酥制品要求表面酥层清晰，层次均匀而不混酥、不破损和不露馅等。酥层的形式因起酥方法（卷和叠）和刀切方法（直切或横切）不同，一般有螺旋纹形和直线纹形两种，前者称圆酥，后者称直酥或排丝酥，制品如圆酥盒、金钩萝卜木纹酥等。

圆酥盒

① 圆酥：用小包酥或大包酥的方法制成卷酥，用刀直切成小段，把刀切面向上，用手掌自上而下按扁，再用擀面杖擀成圆形皮子进行包捏，使圆形纹露在外面，制品如圆酥盒等。

② 直酥：基本与圆酥制法相同，只是切法不同。制成卷酥后，根据品种的规格，用刀切下一段，然后将切下的一段顺长方向对剖，剖面向上，两头用手捏尖，折在反面，正面轻轻用手一按，用擀面杖擀成圆形坯皮，翻过来反面包入馅心，制品如金钩萝卜木纹酥等。

金钩萝卜木纹酥

③ 排丝酥：基本和叠酥制法相同，将干油酥按成方形块，放入冰箱冷冻，使其具有一定硬度。将水油面擀成与干油酥一样宽、双倍长的面皮，再将酥心放在水油面皮的一端，将另一半面皮盖于其上，将上下水油面皮的边捏拢后封好口，再用擀面杖将酥皮敲软，擀成长方形薄皮，由两头向中间横向叠成四层。如此重复再叠一次三层，再擀成厚薄一致的长方形皮坯，接着改刀成长宽一致的长方形薄片，每片都刷上蛋液，一片一片叠在一起，用手掌压紧，冷冻备用，制品如枇杷酥等。

枇杷酥

明酥制作技术要领：酥剂要按正，擀制时，要从里向外擀，用力适当，擀正擀圆；厚薄要均匀，卷叠要紧致；用快刀切剂时，下刀要利落以防粘连，酥面要整齐，把纹理清晰的一面向外。擀、卷、叠的操作技法要正确，才能使酥层厚薄均匀。要尽量少用生粉，卷时要卷紧，否则酥层间不易粘结，成品易出现脱壳现象：起酥后切成的坯子应用湿布盖好，防止坯子起壳而影响成形。

三、起酥的方法及要点

（一）起酥的方法

（1）卷筒酥：水油面包上干油酥以后，先擀成厚薄一致的长方形薄片，折叠一次（三折），再擀成长方形薄片，卷成筒状。可制作圆酥、直酥、圆段侧按和45°角按的制品。

（2）叠酥：水油面包上干油酥以后，先擀成长方形薄片，折叠一次（三折），再擀成长方形薄片，再叠一次（三折），再擀成长方形薄片即可。将干油酥按成方形块，放入冰箱冷冻使其具有一定硬度。将蛋油面擀成与干油酥一样宽，双倍长的面皮，再将酥心放在蛋面皮的一端，将另一半面皮盖于其上，将上下蛋面皮的边捏拢后封好口，再用擀面杖将酥皮敲软，擀成长方形薄皮，由两头向中间横向叠成四层。如此重复再叠一次三层或两次四层（依据品种要求而定）。

（3）包酥：将水油面（或酵面）按成中间厚、边缘薄的圆形，取干油酥放在中间，将水油面边缘提起，捏严收口，擀成长方形薄片，折叠一次成三层，再擀薄。由一头卷紧呈筒状，按剂量下出多个剂子。它的特点是：速度快，效率高，适合大批量生产。但是酥层不易均匀，边角余料也较多，易造成较大的浪费。

（4）小包酥：先将水油面与干油酥分别揪成剂子，用水油面包干油酥，收严剂口，经擀、卷、叠制成单个剂子。它的特点是：速度较慢，效率较低。但成品比较精细，适合做高档宴会点心。

（二）起酥的要点

（1）包酥的比例要得当。水油面与干油酥的比例直接关系到成品的特色和质量。水油面过多，则皮子硬，酥层不清，并影响成品的酥松；干油酥过多，不仅拼制比较困难，而且容易发生皮子断裂、露馅，成熟时易碎。在实际操作中，水油面与干油酥的比例一般有 7 ∶ 3、6 ∶ 4、5 ∶ 5 三种，具体运用时应根据品种要求和成熟方法确定。

① 品种要求，根据不同品种的要求选用不同的比例，如菊花酥饼，因在成形时每个花瓣都要拧转 90°，如果干油酥较多，花瓣根部就容易产生裂缝或断裂，所以以选用 7 ∶ 3 的比例为宜；制作白皮酥，既要求层次均匀、吃口酥松，又要求表面光滑、完整洁白，因而选用 6 ∶ 4 的比例较为合适；制作千层酥等明酥制品时，因这类制品的层次均外露在表面，所以宜选用 5 ∶ 5 的比例。

② 成熟方法，油酥制品的成熟以炸、烘烤为主。炸制时，制品浸入油中，酥皮中水油面比例略多一些，可防止制品在油炸时发生松散、掉块、露馅的现象。一般炸制品的酥皮常选用 6 ∶ 4 的比例。烘烤制品在成熟过程中，不存在上述现象，所以烘烤制品中的水油面用量，要比炸制品少一些，一般采用 5 ∶ 5 的比例。

（2）水油面与干油酥的硬度要一样，否则易破皮或露酥；经过冷藏或冷冻的干油酥可略硬。

（3）操作方法要恰当。擀、卷、叠的操作技法要正确，才能使酥层厚薄均匀。要尽量少用生粉，卷时要卷紧，否则酥层间不易粘结，成品易出现脱壳现象；起酥后切成的坯子应用湿布盖好，防止坯子起壳而影响成形。经过冷藏或冷冻的干油酥若硬度大，需要先将其敲软再起酥。

四、油酥面团的形成原理

油酥面团之所以能形成成品酥松、膨大、分层的特点，主要是因为在调制面团时使用了一定量的油脂。油脂是一种胶质物质，具有一定的黏性和表面张力，当油渗入面粉内时，面粉颗粒被油脂包围，粘结在一起，因油脂的表面张力很强不易化开，所以油和面粉粘结只靠油脂微弱黏性维持，故不太紧密，但经过反复揉擦，可扩大油脂颗粒与面粉颗粒的接触面，充分增强油脂的黏性，使其粘连逐渐成为面团。

油酥面团虽然揉擦成团，但是油酥面团的面粉颗粒并没有结合起来，不能像水调面团那样蛋白质吸水形成面筋网络，淀粉吸水膨润增加黏度。所以，油酥面团仍然比较松散，没有黏度和筋力，这也就形成了与水调面团不同的性质——起酥性。油酥面团酥松起层的原因具体如下。

（1）面粉颗粒被油脂包围、隔开，面粉颗粒之间的距离扩大，空隙中充满了空气。这些空气受热膨胀，使成品酥松。

（2）面粉颗粒吸不到水，不能膨润，在加热时更容易“炭化”变脆。根据以上所述，完全由油与面粉调制的面团，虽然具有良好的起酥性，但面团松散，不易成形，加热散开，无法加以利用。因此，必须采用其他方法与之配合，这就形成了加水、糖、膨松剂的单酥、包入其他面皮内的炸酥、与干油酥、水油酥结合的酥皮、擎酥等各种油酥面团。

（3）酥皮面团的起酥原理是在调制干油酥时，面粉颗粒被油脂包围，面粉中的蛋白质、淀粉被间隔，不能形成网状结构，质地松散，不易成形。而调制水油酥时，由于加水调制使其形成了部分面筋网络，整个面团质地柔软，有筋力，延伸性强。这两种面团合在一起，形成一层皮面，一层油酥面。干油酥被水油酥间隔，当制品生胚受热时，水就会汽化，使层次中有一定空隙。同时，油脂受热也不粘连，产生酥化作用，便形成非常清晰的层次。这就是起酥的基本原理。

任务二　暗酥面团制作

酥层藏在内部，制品表面没有或有较少酥层的油酥制品称为暗酥。由于暗酥酥层藏在里面，成熟后鼓胀发大，一般适宜做酥饼类，如衡阳酥薄月饼、湘式酥皮月饼、浏阳茴饼、擘酥萝卜饼等。

暗酥制法按起酥方法卷和叠的不同，有两种制法：一种是用水油面包干油酥，擀成长方形皮坯，折三层，再擀薄成长方形皮坯，卷成圆筒，用刀切成坯子，将刀口两侧向左右，光面向上下，用手按扁，再行包捏；另一种是将水油面与干油酥分别揪成剂子，用水油面包干油酥，擀成长方形坯皮，卷成圆筒，再擀薄，折成方形坯剂，边缘擀薄即可。

实训 1　衡阳酥薄月饼制作

衡阳酥薄月饼原名酥薄芝麻饼，又称太师饼、胡饼、宫饼、小饼、月团、荷叶、金花、芙蓉、月光饼、团圆饼等，是湖南衡阳市传统的名点，经过几百年的社会变迁和技术发展，逐步演变成当今的酥薄月饼。其配料考究，做工精细，风味独特，松酥可口，具有浓厚的麻仁、玫瑰、桂花清香，食而不觉过甜，香酥而不油腻。

一、工艺原理

面团性质：油酥面团——暗酥面团。

馅心类型：甜馅。

成形方法：擀。

成熟方法：烤。

二、操作步骤

（一）实训准备

原料配方、设备、器具、产品规格要求见表 7-1。

表 7-1　衡阳酥薄月饼原料配方、设备、器具、产品规格

用料名称		用量（克）	备注（笔记）	
干油酥	低筋面粉	500		
	熟猪油	260		
水油面	中筋面粉	500		
	熟猪油	100		
	白糖	60		
	温水	200		
馅料	白芝麻	1800		
	乔饼	1800		
	饴糖	320		
	玫瑰酱	200		
	桂花酱	200		
	绵白糖	1200		
	熟糯米粉	400	产品规格	100 个（以皮胚定量）
	猪油	400	出品量	60 个
辅料	鸡蛋	400	盛　器	圆盘
设备、器具准备				
设备	面案操作台、炉灶、锅、烤箱			
器具	电子秤、圆盘			
成品标准	色泽金黄、圆饼形、层次分明、细致规则、酥松可口、甜而不腻			

（二）工艺流程

（1）面团调制：取 500 克中筋面粉放在案板上开窝，加入 100 克熟猪油，60 克糖，200 克温水，摔打、揉搓、擦至光滑，调制水油面坯。再将 500 克低筋面粉放在案板上，加入 260 克熟猪油，擦制成光滑的干油酥面坯。

（2）馅心制作：白芝麻炒香碾碎成茸，乔饼切碎，加入白糖、玫瑰酱、桂花酱、饴糖、熟猪油、熟糯米粉擦匀擦透即成馅心。

（3）面皮制作：将水调面坯、干油酥分别分成 100 个坯剂，并分别将干油酥包入水油面内，然后封口，按扁，擀成长方形坯皮，卷成圆筒，再擀薄，折成方形坯剂，边缘擀薄备用。

（4）成形技法：逐个擀制成皮坯，包入馅心，包捏呈球状，收口朝下，压扁，再擀成圆形生坯，表面刷上蛋液、沾上白芝麻。

（5）成熟工艺：放入烤箱，用 170℃炉温烘烤约 20 分钟，至饼面呈金黄色，出炉装盘。

三、技术关键

（1）水油面（水面）与干油酥的软硬度要一致。

（2）擀皮时用力要均匀。

（3）包制时注意皮馅比，防止露馅。

（4）烤制温度要尽量精确掌控。

四、实训考核

考核内容及评分标准见表 7–2。

表 7–2　衡阳酥薄月饼实训操作考核内容及评分标准

项目		评分标准		分值分配	扣分原因	实际得分
操作过程	原料准备	原料准备到位，原料质量、用量符合要求		5		
	设备、器具准备	设备、器具准备到位，卫生符合要求，设备运行正常		5		
	操作时间	90 分钟		5		
	操作规程	面团调制	①面团软硬度适宜 ②面团饧置适度	7		
		制皮	①皮坯圆正，厚薄均匀 ②皮坯大小符合要求	6		
		制馅	①用量准确 ②拌料顺序正确，时机恰当 ③馅心保持甜而不腻	5		
		成形	①形态规范美观 ②大小、厚薄均匀 ③成品码放整齐	5		

续表

项目		评分标准		分值分配	扣分原因	实际得分
操作过程	操作规程	成熟	①烤温上下火符合要求 ②烤箱温度适宜 ③烤制时间恰当	7		
	卫生习惯	①个人卫生整洁 ②工作完成后，工位干净整洁 ③操作过程符合卫生规范		15		
成品质量	成品规格	圆饼形、层次分明、细致规则，符合成品规格要求		10		
	成品色泽	色呈金黄色		10		
	成品质感	皮酥脆		10		
	成品口味	馅甜而不腻		10		
合计				100		

实训 2　浏阳茴饼制作

浏阳茴饼是湖南省浏阳地区著名的传统小吃，松脆酥香，表面起酥、内馅丰满有茴香独特风味，相传已有三千年的历史，久负盛名。它与浏阳花炮、夏布、菊花石、豆豉一起构成浏阳五大土特产。

浏阳茴饼采用糖皮包酥、缸隔炉烤的独特制作方法，具有小茴、桂子、芝麻等天然芳香。成品外表美观，面圆微凸，色泽金黄光亮，表面起酥，里皮焦脆，内馅丰满，松饱爽口，油甜不腻。以面粉、茶油、白糖、饴糖作主料，金橘花、小茴香、熟芝麻、桂子油、碎冰糖等为辅料，金黄光亮，边缘牙白，底色深黄，皮匀馅正，松脆酥香，有茴香独特风味。经过和皮子、和蕊子、擦油酥、扯脐包酥、开皮灌蕊、成形烘烤等十多道工序精制而成。

一、工艺原理

面团性质：油酥面团——暗酥面团。

馅心类型：甜馅。

成形方法：擀。

成熟方法：烤。

二、操作步骤

（一）实训准备

原料配方、设备、器具、产品规格要求见表 7–3。

表 7–3 浏阳茴饼原料配方、设备、器具、产品规格

用料名称		用量（克）	备注（笔记）	
干油酥	低筋面粉	200		
	茶油	100		
水油面	中筋面粉	500		
	茶油	250		
	饴糖	200		
	小苏打	5		
	老面	20		
馅料	白糖	200		
	熟面粉	300		
	乔饼	25		
	冰糖	50		
	桂枝油	2.5		
	小茴香	5	产品规格	35 克 / 个
	白芝麻	50	出品量	50 个
	桂花糖	20	盛　器	圆盘
设备、器具准备				
设备	面案操作台、炉灶、锅、烤箱			
器具	电子秤、圆盘			
成品标准	金黄光亮、边缘牙白、底色深黄、皮匀馅正、松脆酥香，有茴香独特风味			

（二）工艺流程

（1）面团调制：先将 230 克中筋面粉与 20 克老面加入 100 克温水调和，置容器内保温发酵。次日，用 270 克面粉开窝，将发酵的老面与饴糖倒入窝内搅匀，缓慢加入小苏打，加茶油搅匀，揉匀揉透即成皮料；将低筋面粉与茶油拌匀擦匀即成干油酥。

（2）馅心制作：白芝麻炒香碾碎成茸，乔饼切碎，加入白糖、熟面粉与其他辅料拌匀擦透，即成馅心。

（3）面皮制作：将水调面坯、干油酥分别分成 50 个坯剂，分别将干油酥包入水油面内，然后封口，按扁，擀成长方形坯皮，卷成圆筒，再擀薄。

（4）成形技法：将擀薄的皮折成方形坯剂，边缘擀薄上陷，包捏成形，摆放在烤盘中。

（5）成熟工艺：将烤盘放入烤箱，炉温 170℃ ~ 180℃，烘烤时间 13 ~ 15 分钟。待饼面色泽金黄即成。

三、技术关键

（1）水油面（水面）与干油酥的软硬度要一致且符合标准。

（2）醒发时间和加入碳酸氢钠的量要控制好。

（3）擀皮时用力要均匀。

（4）包制时注意皮馅比，防止露馅。

（5）烤制温度要尽量精确掌控。

四、实训考核

考核内容及评分标准见表 7-4。

表 7-4　浏阳茴饼实训操作考核内容及评分标准

项目			评分标准	分值分配	扣分原因	实际得分
操作过程	原料准备		原料准备到位，原料质量、用量符合要求	5		
	设备、器具准备		设备、器具准备到位，卫生符合要求，设备运行正常	5		
	操作时间		90 分钟	5		
	操作规程	面团调制	①面团软硬度适宜 ②面团饧置适度 ③碳酸氢钠用量适当	7		
		制皮	①皮坯方正，厚薄均匀 ②皮坯大小符合要求	6		
		制馅	①用量准确 ②拌料顺序正确，时机恰当 ③馅心保持软嫩香甜	5		
		成形	①形态规范美观 ②大小厚薄均匀 ③成品码放整齐	5		
		成熟	①烤温上下火符合要求 ②烤箱温度适宜 ③烤制时间恰当	7		
	卫生习惯		①个人卫生整洁 ②工作完成后，工位干净整洁 ③操作过程符合卫生规范	15		
成品质量	成品规格		皮匀馅正、松脆酥香，符合成品规格要求	10		
	成品色泽		色呈金黄光亮，边缘牙白，底色深黄	10		
	成品质感		皮酥脆	10		
	成品口味		馅软嫩香甜	10		
合　计				100		

实训 3　湘式酥皮月饼制作

湘式酥皮月饼与广式月饼之间的区别在于广式月饼在制作上主要依赖模具，而湘式酥皮月饼是手工工艺与现代科技机械相结合。湘式酥皮月饼（五仁馅）注重选料，皮坯选用花生油、白糖、面粉，馅料选用核桃仁、红皮花生仁、西瓜子仁、南瓜子仁、椰仁、橘丁、冬瓜糖、玫瑰酱、桂花酱，花香与坚果的焦香，甜而不腻，清香扑鼻，用料备齐后，工序至少有七道。

一、工艺原理

面团性质：油酥面团——暗酥面团。

馅心类型：甜馅。

成形方法：擀。

成熟方法：烤。

二、操作步骤

（一）实训准备

原料配方、设备、器具、产品规格要求见表 7–5。

表 7–5　湘式酥皮月饼原料配方、设备、器具、产品规格

用料名称		用量（克）	备注（笔记）
干油酥	低筋面粉	500	
	花生油	260	
水油面	中筋面粉	500	
	白糖	60	
	花生油	100	
	温水	200	
馅料	核桃仁	400	
	冬瓜糖	1000	
	花生仁	400	
	猪板油	400	
	桂花酱	200	

续表

用料名称		用量（克）	备注（笔记）	
馅料	饴糖	320		
	玫瑰酱	200		
	花生油	400		
	金元条	200		
	金橘饼	200		
	绵白糖	1200		
	西瓜子仁	400		
	南瓜子仁	400	产品规格	100 克 / 个
	杏仁	400	出品量	40 个
辅料	鸡蛋	400	盛　器	圆盘
设备、器具准备				
设备	面案操作台、烤箱			
器具	电子秤、圆盘			
成品标准	色泽金黄、不含油、不焦、圆饼形、层次分明，馅心细腻柔润、甜而不腻、香甜爽口			

（二）工艺流程

（1）面团调制：取 500 克中筋面粉，放在案板上，开窝后加入 100 克花生油，60 克白糖，200 克温水，摔打、揉搓、擦至光滑，调制水油面坯。取 500 克低筋面粉，260 克花生油，擦制成光洁的干油酥面坯。

（2）馅心制作：将核桃仁用热水泡制去皮，烤香碾碎，花生仁、西瓜子仁、南瓜子仁、杏仁烤香碾碎，加入冬瓜糖、绵白糖、玫瑰酱、桂花酱、饴糖、花生油、熟面粉、金元条、金橘饼、猪板油擦匀擦透即成馅心。

（3）面皮制作：将水油面按成中间厚、边缘薄的圆形，取干油酥放在中间，将水油面边缘提起，捏严收口，擀成长方形薄片，折叠一次成三层，再擀薄。由一头卷紧呈筒状，按剂量分出 40 个剂子备用。起酥后分坯，包入馅心，收口朝下，压扁，再擀成圆形生坯，用牙签戳洞，表面刷上蛋液。

（4）成熟工艺：入烤箱用 170℃炉温烘烤约 20 分钟，至饼面呈金黄色，出炉装盘。

(1)

(2)

(3)

三、技术关键

（1）水油面（水面）与干油酥的软硬度要符合要求。

（2）烤制温度要尽量精确掌控。

（3）擀皮时用力要均匀。

（4）包制时注意皮馅比，防止露馅。

四、实训考核

考核内容及评分标准见表 7-6。

表 7-6 湘式酥皮月饼实训操作考核内容及评分标准

项目		评分标准		分值分配	扣分原因	实际得分
操作过程	原料准备	原料准备到位，原料质量、用量符合要求		5		
	设备、器具准备	设备、器具准备到位，卫生符合要求，设备运行正常		5		
	操作时间	90 分钟		5		
	操作规程	面团调制	①面团软硬度适宜 ②面团饧置适度	7		
		制皮	①皮坯圆正，厚薄均匀 ②皮坯大小符合要求	6		
		制馅	①用量准确 ②拌料顺序正确，时机恰当 ③馅心保持细腻柔润	5		
		成形	①形态规范美观 ②大小、厚薄均匀 ③成品码放整齐	5		
		成熟	①烤温上下火符合要求 ②烤箱温度适宜 ③烤制时间恰当	7		
	卫生习惯	①个人卫生整洁 ②工作完成后，工位干净整洁 ③操作过程符合卫生规范		15		
成品质量	成品规格	不含油、不焦、圆饼形、层次分明，符合成品规格要求		10		
	成品色泽	色呈金黄色		10		
	成品质感	皮酥脆		10		
	成品口味	馅细腻柔润		10		
合计				100		

实训 4 抹酥萝卜饼制作

抹酥萝卜饼是湖南传统风味点心，制作独特，与众不同。它是由水调面坯抹油而形成层次，因此在口感和油量使用上差别较大。抹酥萝卜饼馅心是用当地的白萝卜、大蒜叶和猪肉等拌和而成，口味鲜香，风味特别。

一、工艺原理

面团性质：油酥面团——暗酥面团。

馅心类型：咸馅。

成形方法：卷。

成熟方法：炸。

二、操作步骤

（一）实训准备

原料配方、设备、器具、产品规格要求见表 7-7。

表 7-7　抹酥萝卜饼原料配方、设备、器具、产品规格

用料名称		用量（克）	备注（笔记）	
坯料	低筋面粉	350		
	高筋面粉	150		
	熟猪油	20		
	精盐	5		
	清水	275		
馅料	五花肉	150		
	白萝卜	300		
	大蒜	25		
	金钩	30		
	清水	50		
	精盐	25		
	香油	15	产品规格	50 克 / 个
	酱油	10	出品量	30 个
辅料	熟猪油	300	盛　器	圆盘
设备、器具准备				
设备	面案操作台			
器具	电子秤、圆盘			
成品标准	色泽金黄、层层酥透、甘香酥化、清爽鲜嫩			

（二）工艺流程

（1）面团调制：将低筋面粉与高筋面粉混合，在案上开圆窝，加入精盐、清水调制成较软的面坯，饧放 20 分钟；抹猪油用力揉搓至光滑起筋，分成 30 个坯剂，再静置饧放 15 分钟，

以增强其韧性。

（2）馅心制作：萝卜洗净，切成细丝，用 20 克精盐拌匀腌制 10 分钟，漂洗后挤干水分；大蒜洗净，切成细丝；金钩用沸水浸泡，切成细粒。五花肉绞成泥，加盐、酱油、清水搅打上劲，再加入萝卜丝、大蒜、金钩、香油等拌匀即成金钩萝卜馅。

（3）面皮制作：取一个坯剂，搓成长条状，按扁，擀制成一头 5 厘米宽，另一头 7 厘米宽的长薄皮坯。在整条薄皮坯上刷一层熟猪油，将金钩萝卜馅放在较宽的一头，用周围的皮坯将馅心包好。

（4）成形技法：将包好馅心的皮坯向左卷筒，边卷边将皮坯轻轻拉扯，卷完皮坯后将侧面朝上，静置饧放 30 分钟，筋力稍松时再擀制成直径约 8 厘米的圆饼坯。

（5）成熟工艺：饧放 10 分钟后开始炸制，成品呈金黄。

(1)

(2)

(3)

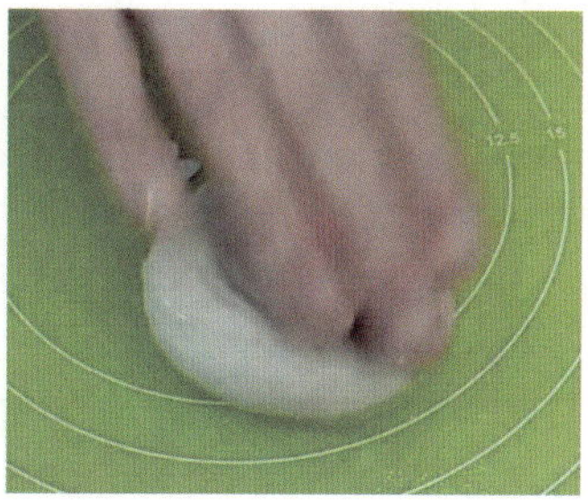
(4)

(5)

三、技术关键

（1）面坯应较软且光滑起筋。

（2）炸制油温度要尽量精确掌控。

（3）擀制成大小一致、厚薄均匀的圆饼坯。

（4）包制时注意皮馅比，防止露馅。

（5）刷油要均匀。

（6）饧放的时间要控制适当。

四、实训考核

考核内容及评分标准见表 7-8。

表 7-8　抹酥萝卜饼实训操作考核内容及评分标准

项　目		评分标准		分值分配	扣分原因	实际得分
操作过程	原料准备	原料准备到位，原料质量、用量符合要求		5		
	设备、器具准备	设备、器具准备到位，卫生符合要求，设备运行正常		5		
	操作时间	90 分钟		5		
	操作规程	面团调制	①面团软硬度适宜 ②面团饧置适度	7		
		制皮	①皮坯厚薄均匀 ②皮坯一头大一头小符合要求	6		
		制馅	①调味料用量准确 ②拌料顺序正确，时机恰当 ③馅心保持咸鲜脆嫩	5		
		成形	①形态规范美观 ②大小、厚薄均匀 ③成品码放整齐	5		
		成熟	①油温先低后高 ②炙锅油温适度 ③炸制时间恰当	7		
	卫生习惯	①个人卫生整洁 ②工作完成后，工位干净整洁 ③操作过程符合卫生规范		15		
成品质量	成品规格	层层酥透、甘香酥化、清爽鲜嫩，符合成品规格要求		10		
	成品色泽	色呈金黄		10		
	成品质感	皮酥脆		10		
	成品口味	馅咸鲜脆嫩		10		
合　计				100		

任务三　半明半暗酥面团制作

酥层有一部分显露在外的油酥制品称半明半暗酥。半明半暗酥的特点是酥层大部分藏在里面，仅有一部分露在外面，成熟后其胀发性较暗酥制品大。

半明半暗酥的制法一般采用小包酥起酥。将水油面与干油酥分别揪成剂子，用水油面包干油酥，擀成长方形坯皮，卷成圆筒状，再擀薄，折成方形坯剂，边缘擀薄包馅，用刀片分出花瓣，制品如荷花酥、腊肉三角酥、湘式叉烧酥等。

实训 1　荷花酥制作

荷花是湖南省的省花，该制品从“荷花”着手，可体现湖南的地域特色，呵护莲子的莲蓬又是其孕育果实的重要部分，运用在该点心中，比喻湖南培养人才的地方。

我国莲子以湖南省湘潭县产的湘莲，福建建宁县产的建莲，浙江武义县宣平产的宣莲最为著名，被称为中国的三大莲子。其中又以湘莲为最有特色，历来作为进贡朝廷的珍品，故又称“贡莲”，被誉为“中国第一莲子”。后来人们逐渐扩大三大莲子的范围，泛指湖南莲子为“湘莲”。因湘潭莲子品质极优，故有“湘莲甲天下，潭莲冠湖湘”之誉，湘潭县被誉为“中国湘莲之乡”，湘潭市被誉称“莲城”。

荷花酥是湘式酥点的特色品种之一，制作所用的馅心是由湘潭的莲子制作的莲蓉馅。它属于水油面皮酥制品中的半明半暗酥制品，是采用叠酥的起酥方法包馅成球形，剖酥六瓣，经炸制而成荷花形，具有形似荷花、酥层清晰、色泽洁白、口感酥香的特点。常用作筵席点心，或作为参加比赛、展台品种。

一、工艺原理

面团性质：油酥面团——半明半暗酥面团。

馅心类型：甜馅。

成形方法：擀。

成熟方法：炸。

二、操作步骤

（一）实训准备

原料配方、设备、器具、产品规格要求见表 7–9。

表 7-9 荷花酥原料配方、设备、器具、产品规格

用料名称		用量（克）	备注（笔记）	
干油酥	低筋面粉	500		
	熟猪油	250		
水油面	中筋面粉	500		
	熟猪油	60		
	温水	200		
馅料	莲子	1000		
	白糖	1000		
	色拉油	600	产品规格	30 克 / 个
辅料	色拉油	4000	出品量	80 个（以皮胚定量）
	蛋液	40	盛　器	圆盘
设备、器具准备				
设备	面案操作台、炉灶、锅			
器具	电子秤、美工刀片、圆形刻模、圆盘			
成品标准	色泽金黄、不含油、不焦，形似荷花、酥层清晰、细致规则，口感酥脆			

（二）工艺流程

（1）面团调制：取中筋面粉 500 克，放在案板上，开窝后加入熟猪油 60 克，温水 200 克，摔打、揉搓、擦至光滑，调制水油面坯。再取低筋面粉 500 克，熟猪油 250 克，擦制成光滑的干油酥面坯。

（2）馅心制作：莲子用水浸泡一晚上，泡软去莲心，上笼长时间蒸制，过筛取沙，加色拉油、白糖，用小火炒制成莲蓉馅。

（3）面皮制作：将水油面按成中间厚、边缘薄的皮，包入干油酥，收口向上，擀成长方形面皮，一次三折，如此重复再叠一次三层、一次对折，擀成 0.8 厘米厚的长方形面皮，用圆模子将酥皮刻成圆形酥皮 80 张。

（4）成形技法：将酥皮边缘按薄，四周涂上蛋清，中间放上馅心，将四周向中心拢起，收口呈球形，收口处抹上蛋清向下放置，用美工刀将球形表面平均划成六瓣（深至馅心），用两手掌跟将面坯下部略搓，使其酥层略外露即成生坯。

（5）成熟工艺：将油锅加热至 100℃，下入生坯，稍静置后逐渐升温至 150℃，将生坯炸成花瓣展开，酥层清晰、色呈白色即可出锅、沥油、装盘。

(1)

(2)

(3)

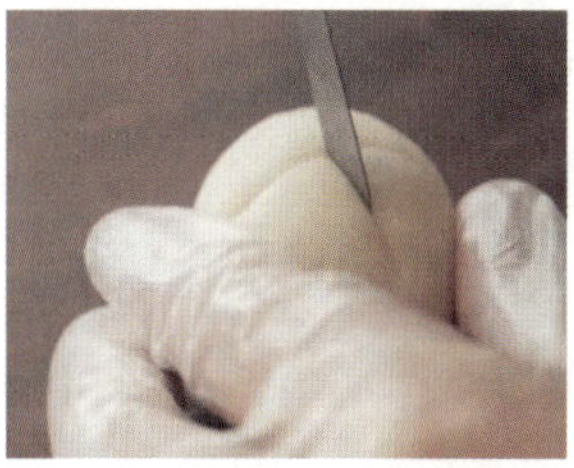

（4）

（5）

三、技术关键

（1）水油面和干油酥的软硬度要适当。

（2）炸制油温度要尽量精确掌控。

（3）擀皮时用力要均匀，开出酥层水油皮层次清晰。

（4）包制时注意皮馅比，防止露馅。

四、实训考核

考核内容及评分标准见表 7–10。

表 7–10 荷花酥实训操作考核内容及评分标准

项目		评分标准		分值分配	扣分原因	实际得分
操作过程	原料准备	原料准备到位，原料质量、用量符合要求		5		
	设备、器具准备	设备、器具准备到位，卫生符合要求，设备运行正常		5		
	操作时间	90 分钟		5		
	操作规程	面团调制	①面团软硬度适宜 ②水皮面团饧置适度	7		
		制皮	①皮坯圆正，厚薄均匀 ②皮坯大小符合要求	6		
		制馅	①用量准确 ②拌料顺序正确，时机恰当 ③成品码放整齐	5		
		成形	①形态规范美观 ②大小、厚薄均匀 ③成品码放整齐	5		
		成熟	①油温先低后高 ②炙锅油温适度 ③炸制时间恰当	7		
	卫生习惯	①个人卫生整洁 ②工作完成后，工位干净整洁 ③操作过程符合卫生规范		15		
成品质量	成品规格	形似荷花、酥层清晰、细致规则，符合成品规格要求		10		
	成品色泽	色泽洁白		10		
	成品质感	皮酥脆		10		
	成品口味	馅软嫩香甜		10		
合计				100		

实训 2　腊肉三角酥制作

腊肉三角酥是湘点传统名点之一。它属于水油面皮酥制品中的明酥制品，采用卷筒酥中圆酥的起酥方法，用两块圆坯剂中间包馅（馅心由湘莲制作而成）制作成圆盒状，在边缘锁绳边，经炸制而成。具有形似圆盒，酥层清晰、色泽淡黄、口感酥香的特点。常作为街头大众化的小吃，也可作筵席点心。

一、工艺原理

面团性质：油酥面团——半明半暗酥面团。

馅心类型：咸馅。

成形方法：擀。

成熟方法：烤。

二、操作步骤

（一）实训准备

原料配方、设备、器具、产品规格要求见表 7-11。

表 7-11　腊肉三角酥原料配方、设备、器具、产品规格

用料名称		用量（克）	备注（笔记）
干油酥	低筋面粉	500	
	熟猪油	250	
水油面	中筋面粉	500	
	熟猪油	60	
	温水	200	
馅料	腊肉	800	
	盐	5	
	糖	5	

续表

用料名称		用量（克）	备注（笔记）	
馅料	生抽	5		
	味精	4		
	葱花	80		
	水淀粉	200	产品规格	25 克 / 个
辅料	蛋液	50	出品量	80 个（以皮胚定量）
	白芝麻	100	盛　器	圆盘
设备、器具准备				
设备	面案操作台、炉灶、锅、烤箱			
器具	电子秤、圆盘			
成品标准	色泽金黄、不含油、不焦，三角体形、酥层清晰、细致规则、酥脆，腊肉香味浓郁			

（二）工艺流程

（1）面团调制：取低筋面粉、熟猪油，擦成干油酥。取中筋面粉、温水、熟猪油，揉擦成水油面。

（2）馅心制作：将腊肉用热水反复洗净，再放入冷水锅中煮熟，晾凉后改刀成小粒，在锅中加入少量植物油，放入腊肉粒煸炒出香味，加入调料，最后加入淀粉水进行勾芡备用。

（3）面皮制作：将水油面按成中间厚、周边薄的皮，包入干油酥，收口向上，擀成长方形面皮，一次三折，如此重复再叠一次三层，擀成 0.6 厘米厚的长方形面皮，用菜刀改刀成大小一致的正方形酥皮。

（4）成形技法：将酥皮四周涂上蛋清，中间放上馅心，将对角折叠，生坯呈三角形，将生坯表面刷上蛋液、粘上白芝麻，放入烤盘。

（5）成熟工艺：将烤盘放入烤箱中，烤箱上火 180℃，下火 170℃，烤制呈金黄色即可出炉、装盘。

(1)

(2)

(3)

(4)

(5)

三、技术关键

（1）水油面（水面）与干油酥的软硬度要符合要求。

（2）烤制温度要尽量精确掌控。

（3）擀皮时用力要均匀。

（4）包制时注意皮馅比，防止露馅。

四、实训考核

考核内容及评分标准见表 7–12。

表 7–12　腊肉三角酥实训操作考核内容及评分标准

<table>
<tr><th colspan="2">项　　目</th><th colspan="2">评分标准</th><th>分值分配</th><th>扣分原因</th><th>实际得分</th></tr>
<tr><td rowspan="9">操作过程</td><td>原料准备</td><td colspan="2">原料准备到位，原料质量、用量符合要求</td><td>5</td><td></td><td></td></tr>
<tr><td>设备、器具准备</td><td colspan="2">设备、器具准备到位，卫生符合要求，设备运行正常</td><td>5</td><td></td><td></td></tr>
<tr><td>操作时间</td><td colspan="2">90 分钟</td><td>5</td><td></td><td></td></tr>
<tr><td rowspan="5">操作规程</td><td>面团调制</td><td>①面团软硬度适宜
②面团饧置适度</td><td>7</td><td></td><td></td></tr>
<tr><td>制皮</td><td>①皮坯厚薄均匀
②皮坯大小符合要求</td><td>6</td><td></td><td></td></tr>
<tr><td>制馅</td><td>①调味料用量准确
②拌料顺序正确，时机恰当
③馅心腊香味浓郁</td><td>5</td><td></td><td></td></tr>
<tr><td>成形</td><td>①形态规范美观
②大小、厚薄均匀
③成品码放整齐</td><td>5</td><td></td><td></td></tr>
<tr><td>成熟</td><td>①烤温适度
②烤制时间恰当</td><td>7</td><td></td><td></td></tr>
<tr><td>卫生习惯</td><td colspan="2">①个人卫生整洁
②工作完成后，工位干净整洁
③操作过程符合卫生规范</td><td>15</td><td></td><td></td></tr>
<tr><td rowspan="4">成品质量</td><td>成品规格</td><td colspan="2">酥层清晰、细致规则、酥脆、腊肉香味浓郁</td><td>10</td><td></td><td></td></tr>
<tr><td>成品色泽</td><td colspan="2">色呈淡黄色</td><td>10</td><td></td><td></td></tr>
<tr><td>成品质感</td><td colspan="2">皮酥脆</td><td>10</td><td></td><td></td></tr>
<tr><td>成品口味</td><td colspan="2">腊香味浓郁</td><td>10</td><td></td><td></td></tr>
<tr><td colspan="4">合　　计</td><td>100</td><td></td><td></td></tr>
</table>

实训 3　湘式叉烧酥制作

湘式叉烧酥是湘点传统名点之一，与众不同之处在于馅心选用湖南特色馅心——湘式叉烧。它属于水油面皮酥制品中的半明半暗酥制品，是采用叠酥的起酥方法，经烘烤而成。具有长方体形、酥层清晰、色泽金黄、口感酥香的特点，常用作筵席点心，也作为展台品种。

一、工艺原理

面团性质：油酥面团——半明半暗酥面团。

馅心类型：咸馅。

成形方法：擀。

成熟方法：烤。

二、操作步骤

（一）实训准备

原料配方、设备、器具、产品规格要求见表 7-13。

表 7-13 湘式叉烧酥原料配方、设备、器具、产品规格

用料名称		用量（克）	备注（笔记）	
干油酥	低筋面粉	500		
	黄油	425		
水油面	中筋面粉	450		
	黄油	75		
	温水	200		
馅料	猪肉	1000		
	生抽	5		
	白糖	5		
	叉烧酱	10		
	味精	5		
	干辣椒粉	5		
	盐	10	产品规格	25 克 / 个
辅料	蛋液	250	出品量	60 个
	白芝麻	250	盛　器	圆盘
设备、器具准备				
设备	面案操作台、炉灶、锅、烤箱			
器具	电子秤、圆形刻模、圆盘			
成品标准	色泽金黄、呈半月形、酥层清晰、口感酥脆、肉香味浓			

（二）工艺流程

（1）面团调制：取低筋面粉、黄油，擦成干油酥；取中筋面粉、温水、黄油，揉擦成水油面。

（2）馅心制作：将猪肉切成小粒，锅中放入油，将肉粒放入油锅过油，肉粒断生后装入盘中；锅中放入少许油，先放入猪肉粒，再加入盐 10 克，生抽 5 克，味精 5 克，干辣椒粉 5 克，白糖 5 克，叉烧酱 10 克，熬制芡汁至稠浓。

（3）面皮制作：将水油面按成中间厚、周边薄的皮，包入干油酥，收口向上，擀成长方形面皮，一次三折，如此重复再叠一次三层，擀成 0.6 厘米厚的长方形面皮，用圆形刻模刻成直径 8 厘米的圆形酥皮。

（4）成形技法：将酥皮四周涂上蛋清，中间放上馅心呈长条形，对折成长方形生坯，将生坯表面刷上蛋液、粘上白芝麻放入烤盘。

(1)

(2)

(3)

(4)

（5）成熟工艺：将烤盘放入烤箱，烤箱上火 180℃，下火 170℃，烤制呈金黄色即可出炉、装盘。

三、技术关键

（1）水油面（水面）与干油酥的软硬度要一样。

（2）炸制油温要尽量精确掌控。

（3）擀皮时用力要均匀。

（4）包制时注意皮馅比，防止露馅。

四、实训考核

考核内容及评分标准见表 7–14。

表 7–14　湘式叉烧酥实训操作考核内容及评分标准

项　目		评分标准		分值分配	扣分原因	实际得分
操作过程	原料准备	原料准备到位，原料质量、用量符合要求		5		
	设备、器具准备	设备、器具准备到位，卫生符合要求，设备运行正常		5		
	操作时间	90 分钟		5		
	操作规程	面团调制	①面团软硬度适宜 ②面团饧置适度	7		
		制皮	①皮坯方正，厚薄均匀 ②皮坯大小符合要求	6		

续表

项目			评分标准	分值分配	扣分原因	实际得分
操作过程	操作规程	制馅	①调味料用量准确 ②拌料顺序正确，时机恰当 ③馅心咸鲜香味浓	5		
		成形	①形态规范美观 ②大小、厚薄均匀 ③成品码放整齐	5		
		成熟	①烤温适度 ②烤制时间恰当	7		
	卫生习惯		①个人卫生整洁 ②工作完成后，工位干净整洁 ③操作过程符合卫生规范	15		
成品质量	成品规格		呈半月形、细致规则，符合成品规格要求	10		
	成品色泽		色呈金黄	10		
	成品质感		皮酥脆	10		
	成品口味		馅咸鲜味浓	10		
合计				100		

任务四　明酥面团制作

酥层明显且较多露在外部的油酥制品称明酥。明酥制品要求表面酥层清晰，层次均匀而不混酥、不破损、不露馅等。酥层的形式因起酥方法（卷和叠）和刀切方法（直切或横切）的不同而不同，一般有螺旋纹形和直线纹形两种，前者称圆酥，后者称直酥或排丝酥，制品如圆酥盒、金钩萝卜木纹酥等。

实训 1　圆酥盒制作

圆酥盒是湖南传统名点之一。它属于水油面皮酥制品中的明酥制品，是采用卷筒酥中圆酥的起酥方法，用两块圆坯剂中间包馅（馅心由湘莲制作而成）制作成圆盒状，在边缘锁绳边，经炸制而成。具有形似圆盒，酥层清晰、色泽淡黄、口感酥香的特点。常作为街头大众化的小吃，也可作筵席点心。

一、工艺原理

面团性质：油酥面团——明酥面团。

馅心类型：甜馅。

成形方法：擀。

成熟方法：炸。

二、操作步骤

（一）实训准备

原料配方、设备、器具、产品规格要求见表 7–15。

表 7–15　圆酥盒原料配方、设备、器具、产品规格

用料名称		用量（克）	备注（笔记）	
干油酥	低筋面粉	500		
	熟猪油	250		
水油面	中筋面粉	500		
	熟猪油	60		
	温水	200		
馅料	莲子	1000		
	色拉油	600		
	白糖	1000	产品规格	25 克 / 个
辅料	蛋液	200	出品量	100 个
	色拉油	4000	盛　器	方盘
设备、器具准备				
设备	面案操作台、炉灶、锅			
器具	电子秤、方盘			
成品标准	色泽金黄、呈飞碟状、酥层清晰均匀、绳边均匀美观、酥松香甜			

（二）工艺流程

（1）面团调制：取中筋面粉 500 克，放在案板上，开窝后加入熟猪油 60 克，温水 270 克，摔打、揉搓、擦至光滑，调制水油面坯。取低筋面粉 500 克，熟猪油 250 克，擦制成光滑的干油酥面坯。

（2）馅心制作：莲子用水浸泡一晚上，泡软去莲心，上笼长时间蒸制，过筛取沙，加色拉油、白糖，用小火炒制成莲蓉馅。

（3）面皮制作：将干油酥包入水油面内，然后封口，按扁，用擀面杖将面坯向四周擀开成约 0.7 厘米厚的长方形坯皮，折叠成三层，再擀成约 0.3 厘米厚的长方形坯皮，由外向内卷成筒状，按照成品规格要求，切成 60 个略大、60 个略小的坯剂，切口朝上，用湿布盖好。取大小各一个坯剂（清晰面朝上），分别轻轻按扁，用小擀面杖推擀成直径分别约为 5 厘米和 3 厘米的圆皮。

（4）成形技法：左手托住大的皮坯，上馅后将小的皮坯盖在上面，将上下皮坯边捏紧捏薄，用扭捏法锁出绳边。

（5）成熟工艺：将油锅加温至 100℃，下入生坯炸，出锅前，油温升至 150℃，将生坯炸成酥层清晰、色呈淡黄即可出锅、沥油、装盘。

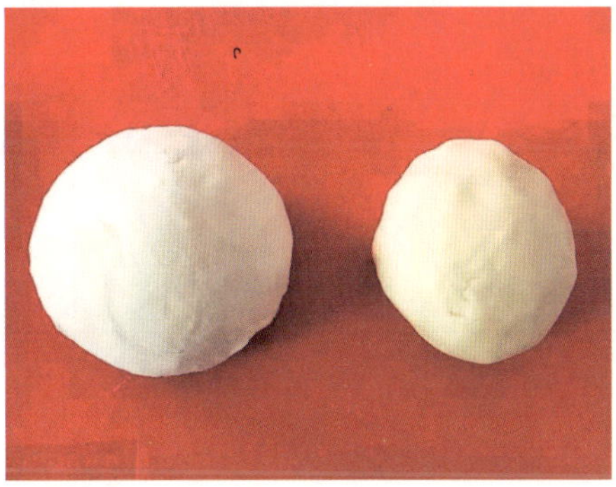

(1)

(2)

(3)

(4)

(5)

三、技术关键

（1）水油面（水面）应与干油酥软硬一致。

（2）炸制油温要尽量精确掌控。

（3）开出酥层应均匀、层次分明。

（4）一份中每个酥都应大小一致。

（5）包制时注意皮馅比，防止露馅。

四、实训考核

考核内容及评分标准见表 7–16。

表 7–16　圆酥盒实训操作考核内容及评分标准

项　目		评分标准		分值分配	扣分原因	实际得分
操作过程	原料准备	原料准备到位，原料质量、用量符合要求		5		
	设备、器具准备	设备、器具准备到位，卫生符合要求，设备运行正常		5		
	操作时间	90 分钟		5		
	操作规程	面团调制	①面团软硬度符合要求 ②水皮面团饧置适度	5		
		制皮	①皮坯圆正，厚薄均匀 ②皮坯大小符合要求	6		
		制馅	①用量准确 ②拌料顺序正确，时机恰当 ③馅心保持香甜细腻	7		
		成形	①形态规范美观 ②大小、厚薄均匀 ③水皮、油皮分层清晰可见	5		
		成熟	①油温先低后高 ②炙锅油温适度 ③炸制时间恰当 ④锅中油量适宜	7		
	卫生习惯	①个人卫生整洁 ②工作完成后，工位干净整洁 ③操作过程符合卫生规范		15		
成品质量	成品规格	形似圆盒状，酥层清晰，符合成品规格要求		10		
	成品色泽	色呈淡黄		10		
	成品质感	皮酥脆		10		
	成品口味	馅软嫩香甜		10		
合　计				100		

实训 2　金钩萝卜木纹酥制作

金钩萝卜木纹酥是湖南特色点心，特殊之处是使用了当地原料——金钩萝卜。它是油酥制品中的明酥——卷筒酥中的直酥，具有酥层呈木纹形态、口感酥松、馅嫩鲜美、回味悠长的特色。既可作大众小吃，又可作筵席点心，还可作为比赛、展台的品种。

一、工艺原理

面团性质：油酥面团——明酥面团。

馅心类型：咸馅。

成形方法：擀。

成熟方法：炸。

二、操作步骤

（一）实训准备

原料配方、设备、器具、产品规格要求见表 7-17。

表 7-17　金钩萝卜木纹酥原料配方、设备、器具、产品规格

用料名称		用量（克）	备注（笔记）	
干油酥	低筋面粉	500		
	熟猪油	250		
水油面	中筋面粉	500		
	熟猪油	60		
	温水	270		
馅料	白萝卜	2800		
	白糖	20		
	盐	32		
	味精	20		
	熟猪油	600		
	香油	80		
	猪肥膘	300		
	熟火腿末	300		
	金钩	200		
	葱白段	80	产品规格	25 克 / 个
辅料	色拉油	4000	出品量	100 个
	蛋液	50	盛　器	圆盘
设备、器具准备				
设备	面案操作台、炉灶、锅			
器具	电子秤、毛笔、圆盘			
成品标准	色泽偏白、酥层呈木纹、清晰均匀、馅鲜嫩爽口、咸淡适口			

（二）工艺流程

（1）面团调制：调制水油皮时，将中筋面粉、猪油、温水一起搅拌均匀，将面团揉匀揉透，饧放。调制干油酥时，将低筋面粉、猪油用手掌擦匀擦透。

（2）馅心制作：将白萝卜去皮后洗干净，切成丝，然后用盐调制均匀后放置 10 分钟，挤干水分，盛入碗内。把猪肥膘洗净煮熟，剁成米粒状；金钩用温水泡发，洗净后切成末；加上熟火腿末、葱白段一齐倒入萝卜丝碗内，再加入味精、白糖、香油拌匀，即成馅心。

（3）面皮制作：将干油酥包入水油面内，然后封口，按扁，用擀面杖将面坯向四周擀开成约 0.7 厘米厚的长方形坯皮，折叠成三层，再擀成约 0.3 厘米厚的长方形坯皮，由外向内卷成筒状，按照成品规格要求，用刀直切成段，然后将切下的一段顺长方向对剖，剖面向上，两头用手捏尖，折在反面，正面轻轻用手一按，用擀面杖擀成圆形坯皮。

（4）成形技法：将擀好的坯皮翻过来反面包入馅心，将馅心放入皮坯正中央，将收口向下，纹路向上。

（5）成熟工艺：将油锅加温至 120℃，下入生坯，稍静置后逐渐升温至 150℃，将生坯炸成酥层清晰、色呈淡黄即可出锅、沥油、装盘。

(1)

(2)

(3)

(4)

三、技术关键

（1）水油面（水面）应与干油酥软硬一致。

（2）擀皮时用力要均匀，开出酥层水油皮层次清晰。

（3）包制时注意皮馅比，防止露馅。

（4）炸制油温要尽量精确掌控。

（5）收口要紧。

四、实训考核

考核内容及评分标准见表 7–18。

表 7-18　金钩萝卜木纹酥实训操作考核内容及评分标准

项　目		评分标准		分值分配	扣分原因	实际得分
操作过程	原料准备	原料准备到位，原料质量、用量符合要求		5		
	设备、器具准备	设备、器具准备到位，卫生符合要求，设备运行正常		5		
	操作时间	90 分钟		5		
	操作规程	面团调制	①面团软硬度符合要求 ②水皮面团饧置适度	7		
		制皮	①皮坯厚薄均匀 ②皮坯大小一致符合要求	6		
		制馅	①调味料用量准确 ②拌料顺序正确，时机恰当 ③馅心保持咸鲜脆嫩	5		
		成形	①形态规范美观 ②大小、厚薄均匀 ③水皮、油皮分层清晰可见	5		
		成熟	①油温先低后高 ②炙锅油温适度 ③炸制时间恰当 ④锅中油刚好没过酥的顶部	7		
	卫生习惯	①个人卫生整洁 ②工作完成后，工位干净整洁 ③操作过程符合卫生规范		15		
成品质量	成品规格	形似萝卜、酥层清晰、细致规则，符合成品规格要求		10		
	成品色泽	色呈偏白		10		
	成品质感	皮酥脆		10		
	成品口味	馅鲜嫩爽口、咸淡适口		10		
合　计				100		

实训 3　枇杷酥制作

枇杷酥是创新品种，因形似水果枇杷而得名。它是水油面包上干油酥制作而成的明酥制品，采用叠酥中排丝酥的起酥方法形成酥层，包上莲蓉馅等馅心，捏成枇杷形状，粘上芝麻，

刷蛋液定型，经炸制而成，因为精致象形而成为高档筵席的佳品。一般用作筵席点心，也可作为比赛、展台产品。

一、工艺原理

面团性质：油酥面团——明酥面团。

馅心类型：甜馅。

成形方法：擀。

成熟方法：炸。

二、操作步骤

（一）实训准备

原料配方、设备、器具、产品规格要求见表 7-19。

表 7-19　枇杷酥原料配方、设备、器具、产品规格

用料名称		用量（克）	备注（笔记）	
干油酥	低筋面粉	500		
	熟猪油	250		
水油面	中筋面粉	500		
	熟猪油	60		
	温水	270		
馅料	莲子	1000		
	色拉油	600		
	白糖	1000		
辅料	蛋液	200		
	色拉油	4000		
	芝麻	80	产品规格	25 克 / 个
	可可粉	80	出品量	100 个
			盛　器	长条盘
设备、器具准备				
设备	面案操作台、炉灶、锅			
器具	电子秤、毛笔、长条盘			
成品标准	色呈淡黄、形似枇杷、酥层清晰、细致规则，皮酥脆、馅软嫩香甜			

（二）工艺流程

（1）面团调制：调制水油面时，在中筋面粉中加入猪油、温水调成硬度适中的水油皮，

饧置 30 分钟。预留一点水油面加入可可粉调制成褐色面团待用。调制干油酥，将低筋面粉与猪油擦成酥心，按成方形块，放入冰箱冻 10 分钟。

（2）馅心制作：莲子用水浸泡一晚上，泡软去莲心，上笼长时间蒸制，过筛取沙，加色拉油、白糖，用小火炒制成莲蓉馅。

（3）面皮制作：将水油面团擀成与干油酥一样宽、双倍长的面皮，再将酥心放在水油皮的一端，将另一半面皮盖于其上，将上下水油皮的边捏拢后封好口，再用擀面杖将酥皮敲软，擀成长方形薄皮，由两头向中间横向叠成四层。如此重复再叠一次四层，稍擀薄，撒少许干粉，按“十”字形改成四块，互相叠在一起，压紧后放入冰箱冻硬。

（4）成形技法：酥皮冻硬后取出，用刀沿截面斜批成薄片，沿着纹路擀开，切成长方形，在皮坯下面四分之三处涂上蛋清，包上馅心（莲蓉馅搓成圆形），卷成圆形，顶部收紧刷蛋清，粘上芝麻；将另一端收口。

（5）成熟工艺：将生坯放入 120℃的油锅中炸制，逐渐升温至 150℃，炸成酥层清晰、淡黄色即可出锅、沥油。

（6）装饰制作：取染色面团，搓细，两根连接在一起成树枝状，放入 160℃油温中炸熟炸硬，插入两个枇杷酥成品中，装盘即可。

(1) (2) (3) (4) (5) (6)

三、技术关键

（1）水油面应与干油酥软硬一致。

（2）炸制油温要尽量精确掌控。

（3）开出酥层应均匀，层次分明。

（4）一份中每个酥都应大小一致。

（5）包制时注意皮馅比，防止露馅。

四、实训考核

考核内容及评分标准见表 7-20。

表 7-20 枇杷酥实训操作考核内容及评分标准

<table>
<tr><th colspan="2">项　目</th><th colspan="2">评分标准</th><th>分值分配</th><th>扣分原因</th><th>实际得分</th></tr>
<tr><td rowspan="9">操作过程</td><td>原料准备</td><td colspan="2">原料准备到位，原料质量、用量符合要求</td><td>5</td><td></td><td></td></tr>
<tr><td>设备、器具准备</td><td colspan="2">设备、器具准备到位，卫生符合要求，设备运行正常</td><td>5</td><td></td><td></td></tr>
<tr><td>操作时间</td><td colspan="2">90 分钟</td><td>5</td><td></td><td></td></tr>
<tr><td rowspan="5">操作规程</td><td>面团调制</td><td>①面团软硬度适宜
②水皮面团饧置适度</td><td>7</td><td></td><td></td></tr>
<tr><td>制皮</td><td>①皮坯厚薄均匀
②皮坯大小符合要求</td><td>6</td><td></td><td></td></tr>
<tr><td>制馅</td><td>①馅心揉搓成枇杷状
②馅心保持软嫩香甜</td><td>5</td><td></td><td></td></tr>
<tr><td>成形</td><td>①形态规范美观
②大小、厚薄均匀
③水皮、油皮分层清晰可见
④成品码放整齐</td><td>5</td><td></td><td></td></tr>
<tr><td>成熟</td><td>①油温先低后高
②炙锅油温适度
③炸制时间恰当</td><td>7</td><td></td><td></td></tr>
<tr><td>卫生习惯</td><td colspan="2">①个人卫生整洁
②工作完成后，工位干净整洁
③操作过程符合卫生规范</td><td>15</td><td></td><td></td></tr>
<tr><td rowspan="4">成品质量</td><td>成品规格</td><td colspan="2">形似枇杷、酥层清晰、细致规则，符合成品规格要求</td><td>10</td><td></td><td></td></tr>
<tr><td>成品色泽</td><td colspan="2">色呈淡黄</td><td>10</td><td></td><td></td></tr>
<tr><td>成品质感</td><td colspan="2">皮酥脆</td><td>10</td><td></td><td></td></tr>
<tr><td>成品口味</td><td colspan="2">馅软嫩香甜</td><td>10</td><td></td><td></td></tr>
<tr><td colspan="4">合　计</td><td>100</td><td></td><td></td></tr>
</table>

项目测试

一、单项选择题

1. 属于水油面皮层酥的品种是（　　）。

A. 黄桥烧饼　B. 蟹壳黄　C. 腊肉三角酥　D. 香脆饼

2. 属于酵面皮层酥的品种是（　　）。

A. 衡阳薄酥月饼　B. 盘香饼　C. 湘式酥皮月饼　D. 湘式叉烧酥

3. 荷花酥是（　　）。

A. 暗酥　B. 明酥　C. 半明半暗酥　D. 圆酥

4. 枇杷酥属于（　　）。

A. 圆酥　B. 直酥　C. 叠酥　D. 排丝酥

二、判断题

1. 起酥时水油面（水面）与干油酥的硬度要一样。（ ）
2. 水油面与干油酥的比例一般是 8 ∶ 2。（ ）
3. 起酥时要尽量多用生粉。（ ）
4. 卷筒酥可制作直酥制品。（ ）
5. 小包酥的特点是：速度较快，效率较低。（ ）
6. 圆盒酥是排丝酥。（ ）

项目八　杂粮及其他粉团品种制作

职业能力目标

- 熟知杂粮及其他粉团的概念、分类及形成原理
- 熟知具有代表性的杂粮和其他粉团制品的制作方法
- 熟知杂粮及其他粉团制品制作的工艺流程及调制要点
- 能够合理地选用坯团原料、辅助原料、制馅原料、调味原料

典型岗位任务

- 掌握杂粮粉团制品的工艺流程、制作要领
- 掌握澄粉粉团制品的工艺流程、制作要领
- 掌握果蔬类粉团制品的工艺流程、制作要领
- 掌握豆类粉团制品的工艺流程、制作要领
- 掌握糖浆粉团制品的工艺流程、制作要领

案例导入

相传曾国藩刚成立湘军对抗太平军时，为了吸引太平军的主力，决定自己带兵攻打靖港，派大将彭玉麟等人重兵攻打湘潭。湘军初立，又和长沙地方官僚不和，粮草无法供应，曾国藩彻夜难眠，步出营房，见一站岗士兵拿出东西吃，便问："这是什么？"士兵回答说："家乡带的䅟子粑。曾国藩细品道：很香，这能吃饱肚子吗？士兵说，家乡新化人只要上山下地，都会带上一两个，干活时吃，能饱肚子一天。"曾国藩疑问："这么小的东西能饱一天肚子？"士兵急忙回答："元朝末年，新化起义首领张虎带着义军反抗元兵，每人就带了30个䅟子粑并一举拿下新化、安化、益阳三地，每攻下一座城一个班都抓一只鸡，每人放一两个粑和鸡在一起蒸着吃，士气大振，勇猛杀敌。"曾国藩听闻大喜道："升你为粮需官，速速带人回新化收购……"最终曾国藩打赢了关键性的一战"湘潭大捷"。后来，䅟子粑就成为湘军长途奔袭的一种主要粮食。

任务一 杂粮及其他粉团形成原理

杂粮及其他粉团是指用面粉、米粉以外的各种原料所制的各种面坯的总称，包括杂粮粉、澄粉、豆类粉、果蔬类粉等粉坯。这类粉坯原料应用广泛、花色品种繁多、调制方法多样，制成的成品别有风味。

一、杂粮及其他粉团的概述

杂粮及其他粉团是指用除面粉、米粉以外的原料所调制的多种面团。它包括杂粮粉团、澄粉粉团、果蔬类粉团、豆类粉团、糖浆类粉团等。

二、杂粮及其他粉团的形成原理

（一）利用淀粉的膨胀糊化产生的黏性形成面团

杂粮粉、澄粉等粉团中的淀粉在沸水的作用（ 或蒸制或煮制的条件）下发生膨胀糊化产生黏性形成粉团。

（二）利用糖浆的胶黏性形成团块

麦芽糖、饴糖等加水在加热的作用下，产生黏胶状的胶体，从而粘连在一起形成团块。

（三）熟制成块的原理

杂粮等粉团中的淀粉在沸水的作用（或蒸、煮、炸、煎）下发生膨胀糊化产生黏性形成一个整体。琼脂等受热溶化，冷却凝固形成一个整体。

（四）挤压成形的原理

绿豆沙等在外力的作用下，利用豆沙粒之间的黏性经过挤压形成一定的形态。

三、杂粮及其他粉团的调制方法及应用

（一）杂粮粉团

1. 杂粮粉团的调制方法

有的杂粮粉团直接用杂粮粉加热水调制而成；有的则需用杂粮粉与面粉、豆粉、米粉等掺和后再调制成粉团。如著名湘点新化糁子粑主要以糁子粉和糯米粉为主料，还可根据个人喜好适当地加入绿豆粉、莲子粉、豌豆粉、黄豆粉等调制而成。

2. 杂粮粉团的应用

杂粮粉团常见于北方的特色品种，如小窝头、荞面枣儿角、莜面栲栳、玉米面丝糕、黄米糕、小米煎饼、高粱团等。在南方应用比较少，比较有名的是新化糁子粑。

小窝头

新化糁子粑

（二）澄粉粉团

1. 澄粉粉团的调制方法

将适量的清水放入锅中烧沸，加入澄粉迅速搅拌均匀，离火后加盖焖制 5 分钟，然后倒在抹有色拉油的案板上，揉成光滑的粉团。

2. 澄粉粉团的调制要点

（1）必须用沸水烫制。

（2）烫制后需要焖制 5 分钟，使粉受热均匀。

（3）澄粉与沸水的重量比约为 1∶1.45。

（4）调粉要加点盐、色拉油，也可加适量生粉、糯米粉。

（5）调好的面团要用干净的湿布或保鲜膜盖好，防止面团干、硬、开裂。

3. 澄粉粉团的应用范围

澄粉粉团既可用于单独制作点心，如制作象形制品，湖南有名制品有象形辣椒、象形柿子等；也可在调制杂粮、薯类、蔬菜等面团时加入，用来增加这些坯料的可塑性。

象形辣椒

象形柿子

（三）果蔬类粉团

1. 果蔬类粉团的调制方法

将土豆、南瓜、莲藕、柿饼、栗子等原料经过加工制成泥、蓉或磨成浆或制成粉，与面粉、糯米粉或澄粉经过调制而形成粉团。

2. 果蔬类粉团的应用

在湖南最有名的果蔬类粉团中当属藕粉桂花糕，其主要以藕粉和桂花为主料，适当加入琼脂调制而成。

藕粉桂花糕

土豆饼

（四）豆类粉团

1. 豆类粉团的调制方法

将豆子（如豌豆、赤豆、豇豆、绿豆、芸豆等）加工成粉或泥，经过调制而形成粉团。

2. 豆类粉团的应用

豆类粉团常见的品种有绿豆糕、芸豆糕、扁豆糕、豇豆糕等，湖南有名的豆类粉团是湘西地区以绿豆为主料的绿豆面。

绿豆糕

绿豆面

（五）糖浆粉团

1. 糖浆粉团的调制方法

糖浆粉团主要是使用麦芽糖、饴糖为主料加入其他粉料调制而成的粉团。

2. 糖浆粉团的应用

常见的品种有湘潭龙须酥、凤凰木锤酥等。

湘潭龙须酥

凤凰木锤酥

任务二　杂粮及其他粉团品种制作

实训　新化䅟子粑制作

梅山当地流传有这样一句话："没上过高山就不知道平地，没吃过䅟子粑就不知道粗细"，䅟子粑是新化民间的一种小吃，它又名铲子粑。䅟子粑的主原料是䅟子和糯米，䅟子是一种杂粮，其口感粗粝，成品呈深褐色。

一、工艺原理

面团性质：杂粮及其他粉团——杂粮面团。

馅心类型：甜馅。

成形方法：搓。

成熟方法：蒸。

二、操作步骤

（一）实训准备

原料配方、设备、器具、产品规格要求见表 8-1。

表 8-1　新化䅟子粑原料配方、设备、器具、产品规格

用料名称		用量（克）	备注（笔记）	
原料	䅟子粉	500		
	糯米粉	150		
	水	320		
馅料	花生仁	800	产品规格	60 克 / 个
	白糖	适量	出品量	25 个
辅料	植物油	30	盛　器	圆盘
设备、器具准备				
设备	面案操作台、炉灶、搅拌机			
器具	调羹、圆盘			
成品标准	口感粗粝、成品呈深褐色			

（二）工艺流程

（1）面团调制：䅟子粉 500 克与糯米粉 150 克置于案板上拌匀，在中间开窝，边加水边用右手揉面，拌匀后饧发，待用。

（2）馅心制作：将花生仁放入锅中（无须放油），小火炒香。炒香后的花生放凉，搓去表皮，放入搅拌机中打碎，放入适量的白糖，拌匀成馅料。

（3）面皮制作：将饧发的粉团揉匀后，搓条，分成约 40 克的剂子。将剂子按扁，再捏成中间厚、边缘薄的灯盏窝状。

（4）成形技法：在灯盏窝中放入适量的馅料，收口，呈圆球形，再稍稍按成饼状。然后放在刷油的蒸笼上。

（5）成熟工艺：大火足汽蒸约 15 分钟即可出锅装盘。

(1)

(2)

(3)

(4)

(5)

三、技术关键

（1）无油小火炒制花生去皮。

（2）和面时均匀加水，不能快。

（3）包制时注意皮馅比，防止露馅。

（4）蒸制时大火足汽，蒸制时间不能太长。

四、实训考核

考核内容及评分标准见表 8-2。

表 8-2　新化䅟子粑实训操作考核内容及评分标准

<table>
<tr><th colspan="2">项　目</th><th colspan="2">评分标准</th><th>分值分配</th><th>扣分原因</th><th>实际得分</th></tr>
<tr><td rowspan="9">操作过程</td><td>原料准备</td><td colspan="2">原料准备到位，原料质量、用量符合要求</td><td>5</td><td></td><td></td></tr>
<tr><td>设备、器具准备</td><td colspan="2">设备、器具准备到位，卫生符合要求，设备运行正常</td><td>5</td><td></td><td></td></tr>
<tr><td>操作时间</td><td colspan="2">60 分钟</td><td>5</td><td></td><td></td></tr>
<tr><td rowspan="5">操作规程</td><td>面团调制</td><td>①面团软硬度适宜
②面团揉搓均匀</td><td>7</td><td></td><td></td></tr>
<tr><td>制皮</td><td>①皮坯呈灯盏窝状
②皮坯大小符合要求</td><td>6</td><td></td><td></td></tr>
<tr><td>制馅</td><td>①用量准确
②馅心保持软糯香甜</td><td>5</td><td></td><td></td></tr>
<tr><td>成形</td><td>①形态规范美观
②大小均匀一致
③成品码放整齐</td><td>5</td><td></td><td></td></tr>
<tr><td>成熟</td><td>①注意是大火蒸制
②蒸制时间恰当</td><td>7</td><td></td><td></td></tr>
<tr><td>卫生习惯</td><td colspan="2">①个人卫生整洁
②工作完成后，工位干净整洁
③操作过程符合卫生规范</td><td>15</td><td></td><td></td></tr>
</table>

续表

项目		评分标准	分值分配	扣分原因	实际得分
成品质量	成品规格	形似鸭蛋、新鲜软糯，符合成品规格要求	10		
	成品色泽	色呈深褐色	10		
	成品质感	软糯	10		
	成品口味	口感粗犷	10		
合计			100		

任务三　淀粉粉团品种制作

将适量的清水放入锅中烧沸，加入淀粉迅速搅拌均匀，离火后加盖焖制5分钟，然后倒在抹有色拉油的案板上，揉成光滑的粉团。

实训1　蕨根粑粑制作

在过去漫长的岁月中，蕨根粑粑是居住在湖南山区的人民群众制作的一种传统食品，常被作为日常主食。现在随着人们生活水平的提高，蕨根粑粑已成为原生态绿色美食。

一、工艺原理

面团性质：杂粮及其他粉团——淀粉粉团。

成形方法：切。

成熟方法：炸、煎、煮、蒸、烤。

二、操作步骤

（一）实训准备

原料配方、设备、器具、产品规格要求见表8-3。

表 8–3 蕨根粑粑原料配方、设备、器具、产品规格

用料名称		用量（克）	备注（笔记）	
原料	蕨根	500		
	油	适量		
	水	适量		
	芝麻	适量	产品规格	块、条
	白糖	适量	盛　器	方盘
设备、器具准备				
设备	面案操作台、炉灶、锅			
器具	木棍、纱布、方盘			
成品标准	色泽黑亮、口感爽糯、味道独特			

（二）工艺流程

（1）制作蕨根粑粑：把新鲜的蕨根洗干净后用棍子锤，过滤蕨根的渣，把蕨根水保存下来。把蕨根水倒在锅中加热，用棍子不断搅拌，直到表面形成凝胶，形成一个大大的黑球即可。

（2）成熟工艺。

① 炸：锅里放小半锅油，起泡后放入切成块的粑粑，当粑粑发出“滋拉”的声音后，就可以捞起食用了。食用时可以撒上糖或者撒上芝麻，还可以包些腌菜或是酱豆腐等食材。

② 煎：在锅里放入底油，九成热时下粑粑，转为文火，粑粑在油煎的作用下慢慢变软，并开始变黏，煎至两面金黄即可。

③ 煮：将蕨根粑粑切片，水烧开后放入，然后搭配一些青菜，然后放盐调味，也可以根据自己口味放入其他作料。最后洒上一点芝麻粉。

④ 蒸：在锅里放水，水开后 10 分钟左右出锅，可以蘸糖吃。

(1)

(2)

(3)

(4)

⑤ 烤：将粑粑架在铁架上烘烤，受热的粑粑变软变鼓，膨胀开来，这时香气扑鼻而来。膨胀成“包子”状即可，烤好的糍粑可蘸糖，或将糖灌入粑粑中，等糖溶成糖水再食用，甜香可口。

三、技术关键

（1）加热时要不停搅拌，防止底部变焦。

（2）加热温度要尽量精确掌控。

（3）煎制时要注意火候的掌控。

（4）蒸制时要等水开再放入锅中。

四、实训考核

考核内容及评分标准见表 8-4。

表 8-4　蕨根粑粑实训操作考核内容及评分标准

项目		评分标准		分值分配	扣分原因	实际得分
操作过程	原料准备	原料准备到位，原料质量、用量符合要求		6		
	设备、器具准备	设备、器具准备到位，卫生符合要求，设备运行正常		6		
	操作时间	100 分钟		6		
	操作规程	原料处理	①方法得当 ②锤时用力均匀	10		
		成形	①控制好火候 ②木棍要不停搅动 ③不粘锅	10		
		成熟	①炸制时间恰当 ②炙锅油温适度 ③蒸制状态符合要求	7		
	卫生习惯	①个人卫生整洁 ②工作完成后，工位干净整洁 ③操作过程符合卫生规范		15		
成品质量	成品规格	软糯细腻，符合成品规格要求		10		
	成品色泽	色呈黑亮		10		
	成品质感	爽糯		10		
	成品口味	咸甜皆可		10		
合计				100		

实训 2　象形澄面制品（辣椒）制作

象形点心是近代从苏杭面点发端，结合了西方糕点的制作技术而形成的。象形形态可分为仿植物形和仿动物形。仿植物形是面点制作中常见的造型，尤其是一些花式面点讲究形态，往往模仿自然界中的植物（如花卉），像船点中的月季花、牡丹花；油酥制品中的荷花酥、百合酥；水调制品中的兰花饺、梅花饺等。也有模仿水果的，像酵面中的石榴包、寿桃包等，而船点中模仿的水果有柿子、苹果等；模仿的蔬菜有青椒、萝卜等。

一、工艺原理

面团性质：杂粮及其他粉团——淀粉粉团。

馅心类型：甜馅。

成形方法：包。

成熟方法：蒸。

二、操作步骤

（一）实训准备

原料配方、设备、器具、产品规格要求见表 8-5。

表 8-5　象形澄面制品（辣椒）原料配方、设备、器具、产品规格

用料名称		用量（g）	备注（笔记）	
原料	澄粉	200		
	朝天椒	300	产品规格	12 克 / 个
	猪油	20	出品量	20 个
馅料	莲蓉馅	200	盛　器	长平盘
设备、器具准备				
设备	面案操作台、炉灶、不粘平底锅			
器具	料理机、滤网、电子秤			
成品标准	制品色泽鲜红晶莹、坯皮口感柔韧、外观形似辣椒			

（二）工艺流程

（1）面团调制：将新鲜朝天椒洗净去籽、去蒂，切碎，放入搅拌机，加入少许水榨成辣椒汁，倒入碗内备用。称取澄粉 200 克、辣椒汁 300 克、猪油 20 克，将辣椒汁倒入不粘锅中，加入水烧至沸腾，将称好的澄粉倒入其中，并不断搅拌。在案板上抹上少许猪油，将烫好的粉团倒在案板上，揉匀揉透。

（2）馅心制作：莲蓉馅心 20 克一个。

（3）成形技法：将粉团搓成粗细均匀的长条，下剂，剂子 10 克一个。取一个剂子放到面板上，用刀在剂子上一压就成了圆形皮坯。将 20 克馅心搓成水滴状，包成辣椒的形状，使用工具做一个辣椒的蒂子。

（4）成熟工艺：旺火足汽蒸 6 ~ 8 分钟即可。

(1)

(2)

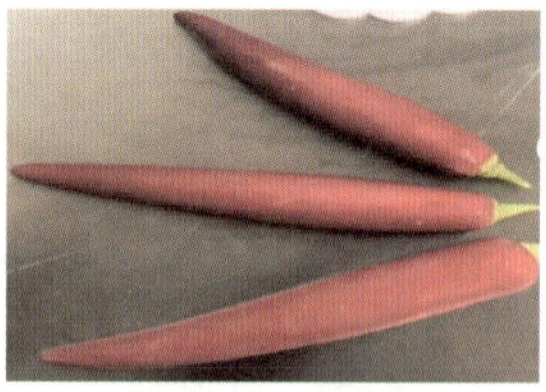

(3)

三、技术关键

(1) 烫粉时要不停地搅拌至澄粉均匀烫熟。

(2) 蒸制时间要精确掌控。

(3) 揉粉团时要揉匀揉透。

(4) 包制时注意皮馅比，防止露馅。

四、实训考核

考核内容及评分标准见表 8-6。

表 8-6　象形澄面制品（辣椒）实训操作考核内容及评分标准

项目		评分标准		分值分配	扣分原因	实际得分
操作过程	原料准备	原料准备到位，原料质量、用量符合要求		5		
	设备、器具准备	设备、器具准备到位，卫生符合要求，设备运行正常		5		
	操作时间	90 分钟		5		
	操作规程	面团调制	①面团软硬度适宜 ②澄粉面团均匀烫熟，无干粉	7		
		制皮	①皮坯圆正，厚薄均匀 ②皮坯大小符合要求	6		
		制馅	①调味料用量准确 ②拌料顺序正确，时机恰当 ③馅心保持细腻香甜	5		
		成形	①形态规范美观 ②大小、厚薄均匀 ③成品码放整齐	5		
		成熟	①旺火足汽蒸制 ②蒸制过程中不得开盖 ③蒸制时间恰当	7		
	卫生习惯	①个人卫生整洁 ②工作完成后，工位干净整洁 ③操作过程符合卫生规范		15		
成品质量	成品规格	形似辣椒、细致规则，符合成品规格要求		10		
	成品色泽	鲜红晶莹		10		
	成品质感	坯皮口感柔韧		10		
	成品口味	馅细腻香甜		10		
合计				100		

任务四　果蔬类粉团品种制作

实训　藕粉桂花糕制作

藕粉和桂花蜜都是湖南的著名特产。汉寿玉臂藕是湖南省汉寿县特产，其体大、节长、壮硕，每根长达 1 米，重 3 ~ 4 千克，具有藕质脆嫩、口感香甜、无丝少渣、淀粉含量高、可溶性糖含量较高等特点，2012 年成为国家地理标志保护产品，以汉寿玉臂藕为原料可制成藕粉。湖南桃源盛产桂花，当地人会把其加工成桂花蜜。桂花藕粉糕就是以藕粉的甜和桂花的香相融合，制成的一道柔软香糯、晶莹剔透的湘点。

一、工艺原理

面团性质：杂粮及其他粉团——果蔬类粉团。

成形方法：切。

成熟方法：蒸。

二、操作步骤

（一）实训准备

原料配方、设备、器具、产品规格要求见表 8-7。

表 8-7　藕粉桂花糕原料配方、设备、器具、产品规格

用料名称		用量（克）	备注（笔记）
原料	藕粉	200	
	糯米粉	300	
	糖粉	150	
	桂花蜜	80	
	水	330	

续表

用料名称		用量（克）	备注（笔记）	
辅料	色拉油	适量		
	糖桂花	适量	产品规格	25 克 / 个
			出品量	40 个
			盛　器	长平盘
设备、器具准备				
设备	面案操作台、炉灶、不粘平底锅			
器具	电子秤、可蒸容器、长平盘			
成品标准	柔软香糯、晶莹剔透			

（二）工艺流程

（1）原料准备：分别称取藕粉 200 克、糯米粉 300 克、糖粉 150 克、桂花蜜 80 克、水 330 克。

（2）面糊调制：将藕粉、糯米粉、糖粉倒入碗中混合，淋上称好的桂花蜜，边搅拌边加入水调和，搅拌至无颗粒感、米糊提起后纹路迅速消失的状态为佳。

（3）成熟工艺：取一可蒸容器，刷一层薄油方便脱模，倒入搅拌好的液体，覆盖一层保鲜膜，上锅蒸制 20 分钟，在表面刷一层糖桂花，再蒸制 5 分钟，糕点会更加晶莹透亮。待凉后取出切块即可。

(1)

(2)

三、技术关键

（1）藕粉溶液搅拌至无颗粒。

（2）模具容器刷油不能多。

（3）蒸制时间要尽量精确掌控。

四、实训考核

考核内容及评分标准见表 8-8。

表 8-8 藕粉桂花糕实训操作考核内容及评分标准

项目		评分标准		分值分配	扣分原因	实际得分
操作过程	原料准备	原料准备到位，原料质量、用量符合要求		5		
	设备、器具准备	设备、器具准备到位，卫生符合要求，设备运行正常		5		
	操作时间	90 分钟		5		
	操作规程	米糊调制	①米糊无颗粒感 ②米糊配料符合要求	10		
		成形	①形态规范美观 ②大小、厚薄均匀 ③成品码放整齐	10		
		成熟	①前后分两次蒸制 ②蒸制时间恰当	10		
	卫生习惯	①个人卫生整洁 ②工作完成后，工位干净整洁 ③操作过程符合卫生规范		15		
成品质量	成品规格	大小一致、细致规则，符合成品规格要求		10		
	成品色泽	晶莹透亮		10		
	成品质感	柔软香糯		10		
	成品口味	口感香甜		10		
合计				100		

任务五 豆类粉团品种制作

实训 湘西绿豆面制作

绿豆面是用绿豆制作的一道传统湘西美食，绿豆面柔中有韧，色泽嫩绿，有豆类和菜汁的清香，营养丰富，物美价廉。

一、工艺原理

面团性质：杂粮及其他粉团——豆类粉团。

成形方法：切。

成熟方法：烙。

二、操作步骤

（一）实训准备

原料配方、设备、器具、产品规格要求见表 8–9。

表 8–9　湘西绿豆面原料配方、设备、器具、产品规格

用料名称		用量（克）	备注（笔记）	
原料	绿豆	500	产品规格	1 条
	大米	250	出品量	12 人份
	菜油	适量	盛　器	方盘
	水	适量		
设备、器具准备				
设备	面案操作台、炉灶、平底锅、搅拌机			
器具	筲箕、方盘			
成品标准	绿豆面柔中有韧、色泽嫩绿、营养丰富、有绿豆类和菜油的清香			

（二）工艺流程

（1）浆糊调制：将绿豆、大米分别放入容器中加清水浸泡 12 小时，拣去豆皮，沥尽水后备用，大米用清水浸泡至用手捻压呈粉状无硬心，沥尽水后备用。将浸泡好的绿豆与大米拌均匀，然后加适量清水磨成浆。

（2）制坯工艺：用中火将锅烧热，用菜油刷锅，然后舀一勺绿豆浆摊在锅中烙，待绿豆面皮微黄时取出，放在筲箕上，一张张重叠摊晾，再切成均匀一致的条。

（3）成熟工艺：在碗里放好作料，再把切好的绿豆面条装入漏勺，放沸水中稍煮，捞出盛入碗中即可。

三、技术关键

（1）浸泡时间要充足，绿豆皮要去除。

（2）刷油适量。

（3）注意烙制时火候要控制好。

四、实训考核

考核内容及评分标准见表 8–10。

表 8–10　湘西绿豆面实训操作考核内容及评分标准

项目			评分标准	分值分配	扣分原因	实际得分
操作过程	原料准备		原料准备到位，原料质量、用量符合要求	6		
	设备、器具准备		设备、器具准备到位，卫生符合要求，设备运行正常	6		
	操作时间		100 分钟	6		
	操作规程	原料处理	①原料齐全、处理干净 ②原料浸泡状态符合要求	8		
		制浆	①绿豆、大米拌匀打浆 ②加水适量	7		
		成形	①厚薄均匀 ②宽度一致 ③成品码放整齐	5		
		制坯	①中火 ②烙制温度适度 ③烙制时间恰当	7		
	卫生习惯		①个人卫生整洁 ②工作完成后，工位干净整洁 ③操作过程符合卫生规范	15		
成品质量	成品规格		绿豆面柔中有韧、清香细致，符合成品规格要求	10		
	成品色泽		色呈嫩绿	10		
	成品质感		绿豆面柔中有韧	10		
	成品口味		味甘、有绿豆和菜油的清香	10		
合计				100		

任务六　糖浆粉团品种制作

实训 1　湘潭龙须酥制作

“龙须酥”又称“银丝糖”“龙须糖”“龙须卷”，因糖丝雪白、纤细，如祥龙之须，而被称为“龙须酥”。在湖南，最有名的是湘潭龙须酥。

一、工艺原理

面团性质：杂粮及其他粉团——糖浆粉团。

成形方法：扯。

成熟方法：熬。

二、操作步骤

（一）实训准备

原料配方、设备、器具、产品规格要求见表 8-11。

表 8-11　湘潭龙须酥原料配方、设备、器具、产品规格

用料名称		用量（克）	备注（笔记）	
料	麦芽糖	500		
	白糖	160	产品规格	25 克 / 个
	水	500	出品量	25 个
辅料	熟黄豆粉	1000	盛　器	圆盘
设备、器具准备				
设备	面案操作台、炉灶			
器具	不粘锅（奶锅）、筷子、硅胶铲、硅胶纸、盆、圆盘			
成品标准	色泽淡黄、细丝万缕、层次清晰、营养丰富，口感酥松绵甜、香酥可口、入口即化			

（二）工艺流程

（1）熬糖：麦芽糖和白糖加水倒入奶锅中，小火，蒸发水分，直到两根筷子能将糖浆撑出薄膜（也可以按照能将糖浆吹出泡泡的状态来判断火候或者糖丝滴水可断的状态来判断），熬好倒出，之后将糖浆倒在硅油纸上晾凉，晾凉的麦芽糖既不会粘在硅油纸上也不会粘手。如果粘手的话，说明糖中的水分还很多，需要回锅再熬制。

（2）拉糖：将熬好的糖浆，放在案板上反复揉搓，搓成细条再折叠重复拉，反复做多次。然后在案板上倒入已炒好的熟黄豆粉，并将糖浆放入黄豆粉中，从中间抠出一个圆，拉大后再绕成“8”字状，将“8”字状的两个圈重叠再拉。拉成“8”字状和“8”字状两个圈对折重叠时要不断地将黄豆粉混入其中。如此这般反复拉圆圈，折“8”字，再重叠，撒粉，直至细如发丝。

（3）成形技法：将拉成一丝丝非常细的龙须酥圈用手扯断，抖一抖混在龙须酥里多余的黄豆粉，再扯成小段，缠绕在手指上即可。

(1)

(2)

(3)

三、技术关键

（1）麦芽糖和白糖熬制过程要精确掌控。

（2）多次反复重叠都要进行撒粉。

（3）拉丝时应均匀用力。

（4）大致成形后将多余的黄豆粉抖掉。

四、实训考核

考核内容及评分标准见表 8-12。

表 8-12　湘潭龙须酥实训操作考核内容及评分标准

项目		评分标准		分值分配	扣分原因	实际得分
操作过程	原料准备	原料准备到位，原料质量、用量符合要求		5		
	设备、器具准备	设备、器具准备到位，卫生符合要求，设备运行正常		5		
	操作时间	90 分钟		5		
	操作规程	熬糖	①熬制时间恰当 ②晾凉后不粘手	12		
		拉糖	①反复揉搓，用力均匀 ②糖丝粗细符合要求	10		
		成形	①形态规范美观 ②大小均匀 ③成品码放整齐	8		
	卫生习惯	①个人卫生整洁 ②工作完成后，工位干净整洁 ③操作过程符合卫生规范		15		
成品质量	成品规格	细丝万缕、层次清晰、细致规则，符合成品规格要求		10		
	成品色泽	色呈淡黄		10		
	成品质感	香酥可口、入口即化		10		
	成品口味	口感酥松绵甜		10		
合计				100		

实训 2　凤凰木锤酥制作

凤凰木锤酥是湖南凤凰县驰名的三大特产之一，是清朝流传下来的传统食品，其特点是“香、酥、甜”，老少皆宜。木锤酥是由二人各执一木锤，一上一下在酥糖上来回捶打，“砰、砰”作响，将干果砸粉碎，油分也被充分榨出后制作而成。

一、工艺原理

面团性质：杂粮及其他粉团——糖浆粉团。

成形方法：锤。

成熟方法：熬。

二、操作步骤

（一）实训准备

原料配方、设备、器具、产品规格要求见表 8–13。

表 8–13　凤凰木锤酥原料配方、设备、器具、产品规格

用料名称		用量（克）	备注（笔记）	
原料	麦芽糖	500	产品规格	25 克 / 个
	花生仁	300	出品量	40 个
	瓜子仁	100	盛　器	长平盘
	芝麻	100		
	核桃仁	50		
设备、器具准备				
设备	面案操作台、炉灶、锅			
器具	木槌、平铲、菜刀			
成品标准	口味香酥、甜而不腻、营养丰富、回味无穷（酥、脆、香、爽口）			

（二）工艺流程

（1）原料熟制：将 300 克花生仁、100 克瓜子仁、100g 芝麻摊开分别置于烤盘中，烤箱温度设置上下火 170℃，花生烤制 10 分钟，瓜子仁和芝麻烤制 5 分钟即可。之后将花生去皮后将花生仁、芝麻、瓜子仁用走槌擀成粉，最后将花生仁、芝麻、瓜子仁粉混合拌匀后放置案板上，防止熬好的糖粘案板。

（2）熬糖：将 500 克麦芽糖倒入锅中，用中火熬，熬干麦芽糖中的水分。改用小火后放入花生仁炒拌 5 分钟，再放入瓜子仁炒拌均匀后放入核桃仁炒拌，最后放入芝麻，炒成金黄色，糖拉丝时起锅放置在用花生仁、芝麻、瓜子仁粉垫底的案板上。

（3）锤酥：二人各执一木锤，一上一下在酥糖上来回捶打，“砰、砰”作响，边打边用平铲将花生仁、芝麻、瓜子仁混合粉撒在酥糖上，待干果被砸得粉碎，油分也被充分榨出后，再使用大木锤将其推至平整。

（4）成形工艺：把平整酥糖切块装盘即可。

(1)

(2)

(3)

三、技术关键

（1）干果烤制时间不一，尽量分别进行烤制。

（2）熬制出糖浆。

（3）控制好火候。

（4）捶酥时用力要均匀。

（5）切块尽量大小均匀一致。

四、实训考核

考核内容及评分标准见表 8-14。

表 8-14　凤凰木锤酥实训操作考核内容及评分标准

项　　目		评分标准		分值分配	扣分原因	实际得分
操作过程	原料准备	原料准备到位，原料质量、用量符合要求		5		
	设备、器具准备	设备、器具准备到位，卫生符合要求，设备运行正常		5		
	操作时间	90 分钟		5		
	操作规程	熬糖	①糖浆颜色符合要求 ②糖浆熬制时间恰当	12		
		锤酥	①原料混合均匀 ②干果砸粉碎 ③用力适当	10		
		成形	①形态规范美观 ②大小、厚薄均匀 ③成品码放整齐	4		
		装盘	①成品装盘美观 ②装盘盛器干净无污渍 ③盛器运用恰当	4		
	卫生习惯	①个人卫生整洁 ②工作完成后，工位干净整洁 ③操作过程符合卫生规范		15		
成品质量	成品规格	干果糖浆均匀分布、大小一致，符合成品规格要求		10		
	成品色泽	色呈焦糖色		10		
	成品质感	酥脆		10		
	成品口味	香甜而不腻		10		
合　　计				100		

项目测试

一、单项选择题

1. 不属于杂粮及其他粉团的是（　　）。

A. 果蔬类粉团　　B. 淀粉粉团　　C. 面粉　　D. 豆类粉团

2. 属于淀粉粉团的品种是（　　）。

A. 湘西绿豆面　　B. 蕨根粑粑　　C. 桂花藕粉糕　　D. 芸豆糕

3. 澄粉与沸水的重量比约为（　　）。

A. 2∶1　　B. 2∶1.45　　C. 1∶1　　D. 1∶1.45

4. 新化䅟子粑属于（　　）。

A. 杂粮粉团　　B. 淀粉粉团

C. 果蔬类粉团　　D. 豆类粉团

二、判断题

1. 杂粮粉、澄粉等中的淀粉在沸水的作用下发生膨胀糊化产生黏性形成粉团。（　　）

2. 杂粮等中的淀粉在沸水的作用下受热溶化，冷却凝固可形成一个整体。（　　）

3. 麦芽糖、饴糖等加水在加热的作用下，产生黏胶状的胶体，从而粘连在一起形成团块。（　　）

4. 绿豆沙等在外力的作用下，利用豆沙粒之间的黏性经过挤压形成一定的形态。（　　）